知 味

知 礼

王德利　著

中国财富出版社有限公司

图书在版编目（CIP）数据

知味·知礼 / 王德利著 . — 北京：中国财富出版社有限公司，2023.7

ISBN 978-7-5047-7863-5

Ⅰ.①知… Ⅱ.①王… Ⅲ.①西式菜肴—礼仪—基本知识 Ⅳ.①TS971

②K891.26

中国国家版本馆 CIP 数据核字（2023）第 106133 号

策划编辑	朱亚宁	**责任编辑**	朱亚宁	**版权编辑**	李 洋
责任印制	梁 凡	**责任校对**	杨小静	**责任发行**	杨恩磊

出版发行 中国财富出版社有限公司

社 址 北京市丰台区南四环西路 188 号 5 区 20 楼 **邮政编码** 100070

电 话 010-52227588 转 2098（发行部） 010-52227588 转 321（总编室）
010-52227566（24 小时读者服务） 010-52227588 转 305（质检部）

网 址 http://www.cfpress.com.cn **排 版** 宝蕾元

经 销 新华书店 **印 刷** 宝蕾元仁浩（天津）印刷有限公司

书 号 ISBN 978-7-5047-7863-5/TS·0122

开 本 880mm×1230mm 1/32 **版 次** 2023 年 7 月第 1 版

印 张 6.5 **印 次** 2023 年 7 月第 1 次印刷

字 数 134 千字 **定 价** 38.00 元

序言一

1990年大学毕业后，我被分配到东直门医院门诊办工作，次年被调到院办工作，后被选派参加国家中医药管理局组织的管理干部英语进修班，脱产进修了一年专业英语。1993年结业后，回到医院参与筹建东直门医院的外宾门诊，由此开始和外宾打交道，接触到联合国和各国驻华使团工作人员，以及使馆介绍的各国政要贵宾。也因此接触到了北京外交人员服务局和分散在朝阳区的外交公寓及使馆，并有了被邀请出席各种宴会，品尝各国美食的机会。

1998年，我从美国讲学归来开办了厚朴中医学堂，开始几年大部分就诊人员外宾，中医药造福了他们，我们也因此成为很好的朋友。如果说有什么事物能超越语言和文化的隔阂，一个是音乐，一个是美食。2004年，一位在法国使馆工作的患者请我到她的公寓品尝正宗的法餐。这顿饭颠覆了我对西餐固有的观念，这是在西餐厅吃不到的感觉。

王德利老师的夫人是我的患者，公子王星辰是我厚朴三期临床班的学生。与王老师相识是在一场家宴上，他精心准备的餐品刷新了我对西餐的认知。王老师的西餐用料考究，制作精细、用心，力图复刻出西餐的本来样貌。更为难得的是，王老师能将常人觉得烦冗的西餐礼仪讲得深入浅出。每个举止都有其目的与合理性，整场家宴既舒适、惬意，又不乏仪式感。

席间我了解到，王老师曾就职于驻华外交使团，从事外交工作30余年，对欧美澳地理、历史等文化有着深刻的理解。对于美食的钻研、热爱无以复加，而且上升到了文化层面上。作为烹饪爱好者，我和王老师交流了很多厨艺技巧和餐酒搭配。结果发现，西餐当中的很多搭配和用料，虽属无意，却暗合中医理论。我们感慨于道不远人，无论中餐西餐，只要制作得法，搭配得当，都可合乎于道。

我当场决定，请王老师来厚朴中医学堂为临床班学员们教授西餐课程。王老师欣然同意，转眼8年已过。在一期期的教学中，王老师对厚朴学员倾囊相授，教学耐心细致，广受学员好评。有学员甚至因为厨艺的提高改善了亲子关系。借此机会，对王老师多年来的辛勤付出表示感谢。

《上古天真论》在描绘理想生活状态的时候写道，"美其食，任其服，乐其俗"，食字居首。《灵枢·脉度》云："心气通于舌，心和则舌能知五味矣。"食物除了能果腹，还兼具触及灵魂、通感通神的功能与使命。

人们常说美食的标准是色香味形触声俱全。其中，色是视觉，香是嗅觉，味是味觉，形既影响视觉也影响触觉，触是触觉，声是听觉。所有"觉"综合在一起可能会产生通感，比如有人吃到美味的食物会耳鸣或脑子"嗡"的一下。有人吃一道菜品，脑海中能浮现出种种情境。还有人常说"好吃到哭"。这已经是由低级的"觉"，上升到高级的感，触动到心包和心神了。人吃对了，不光能果腹，还能疗愈身心。古人称这种吃美了的状态为"怡"。正所谓"养怡之福，可得永年"。

餐饭的好坏在于制作是否用心，口味的优劣，养怡与否，而非区分中西。很多人说西餐不好吃是因为没吃过好的西餐，正如很多人说中医不管用是因为没有遇到好的中医。

常有人问我，为什么厚朴的课程里有烹饪课，为什么厚朴要开设食疗课。我回答，学习中医首先要把自己照顾好。俗话说"三辈子学会吃和穿。"吃喝是要专门学习的，合于道的吃喝，重要性不亚于针石中药。

如今，喜闻王德利老师的新书付梓。欣然应邀作序，希望读者斟上一杯清茶或浊酒，打开本书，与王老师一起开启一场美食美酒的文化之旅。

徐文兵

癸卯夏至于北京

序言二

李宗盛在关于父子的歌《新写的旧歌》里写道:"两个男人,极有可能终其一生只是长得像而已,有幸运的成为知己,有不幸的只能是甲乙。"很庆幸我是幸运的那个。

幸运的是,我出生后赶上了经济快速发展、民生大幅改善的好时代。由于父亲特殊的职业背景和对美食的热爱,加之我母亲也喜欢烹饪,所以我自小便是在美食堆中长大的,对于东西方各色美食都只道寻常。长大后才意识到,原来我的家庭伙食水准如此高。

更幸运的是,父母给予我的不只是美食,还有良好的家庭氛围。二老很早就接受了亲子平等、尊重未成年人人格的思想。因此在我成长的过程中,父母给予了我充分的自由和选择权,让我从中学会对自己和家庭负责。当年我决定追随徐文兵老师学习中医,父亲尽管起初不认同,但也只是保留意见,并予以支持,才让我有幸得遇名师。

祖辈"忠厚传家久"的种种故事,以及《名贤集》的一句句家训，自幼便不绝于耳。中西合璧式的教育环境开阔了我的视野，让我拥有足以治愈一生的童年。

此次父亲的新书出版，书中汇集了父亲的很多人生经历与美食故事。其中有些是我耳熟能详的"老生常谈"，有些也是我从书中才知道。每每读起，我都感慨父亲的坚韧与精进。

父亲在学生时代所受教育有限，甚至连汉语拼音也没学过，后来通过艰苦的自学掌握了英语，成了一名外交翻译。其难度不亚于如今考上清华北大。书中也不止一次提到父亲儿时对食物和美好生活的渴望。通过自身努力，父亲不仅得偿所愿，还把曾经梦想的生活带给了家人。人生成就各有高低，但如果论起点和终点之间的跨度，我认为父亲的成就非凡，至少是我望尘莫及的。

到此，父亲已经算得上是人生赢家了——人生有职业，有志业。钻研美食美酒，与众人分享是父亲乐此不疲的志业。童年食物的匮乏并没有让父亲对食物有报复性的贪婪，反而是让其对食物多了一分尊重与虔诚，也练就了良好的味觉记忆力。早年的职业经历让父亲得以见到中西餐的烹饪大师、高人，目睹并传承了很多险些失传的手艺。那时候父亲业余时间最大的爱好就是约上亲友，要么在山林泉间品尝西式烧烤，要么在家中复刻绝版大餐，亲友们都赞不绝口。早在手机拍照还不流行的年代，我便萌生了一个想法——用影像把父亲的绝活都拍摄保存下来，作为家族非物质文化遗产。不过这个想法现在以另一种方式实现了。

从公职退休后，父亲创办了双利西厨，开始了全身心传播美食美酒文化的新征程。烛光晚宴、美食教学、海外游学搞得有声有色。看着一批批学员学得绝活，回去给家人露一手，甚至有人因此改善了家庭关系，父亲甚是欣慰。诚然，美食文化是人类的财富，能让更多的人领略到、学到，才是传承的最好方式。

虽然退休后的生活比工作时更忙了，但父亲乐此不疲，能看出父亲是有成就感的。无论是职业还是志业，父亲都是成功的。

当然，成功男人背后必定有"定海神针"式的女人。从父亲初入职场到退休创立双利西厨，母亲都给予了最有力的支持与帮助。从日常家务到大事决断，母亲能做到精准妥帖。一次次影响家庭命运的决策背后，都有母亲的运筹帷幄，这一点也体现在书中的字里行间。

书中记录了父亲对于美食文化、烹饪技艺、美酒渊源，乃至人生的种种感悟。本书既是一本美食美酒的随笔集，更是大历史的一个小剖面，大时代下的一部个人奋斗史，归根结底是一部有意思的著作。希望读者朋友们能从中收获知识与乐趣。当然，"纸上得来终觉浅"，如果能亲临现场品尝老爷子的美食，感受他的热情，那就再好不过啦！

王星辰

2023 年 6 月 26 日于北京

自　序

　　《知味·知礼》出版之际好不感慨，没想到我平凡的人生，一些吃吃喝喝的经历能整理成册，并和大家分享。

　　回想起来，我人生的几次机遇竟都与喜欢烹饪和分享美食有关，包括撰写本书。2019年末，著名编剧付小圃女士带着她的合伙人——北京电视台的著名编剧金娜娜女士来工作室咨询电视剧情中有关美食美酒和厨艺细节的内容。我们边吃边聊，娜娜女士随手记录了一些我的美食故事。几天后，我竟接到了娜娜女士打来的约稿电话。她表示，在研究了关于我的访谈录后，大家一致认为我的美食美酒经历很传奇也很精彩，希望我可以将其整理成文字，她协助我成书并出版。我虽惊讶，但更多的是欣喜。年逾花甲，能够用这样的方式讲述往事，追忆过去，我倍感幸运。

　　在整理相关资料时，许多因时间久远而尘封的记忆被一一唤醒，鲜活地再现于眼前。我不禁"触景"抒怀，自己是多么平凡却幸运的人，人生中竟能遇到如此多的贵人，并得到他们无私的指导和帮助，让我改变命运。我入职澳大利亚驻华大使馆服务第一任大使邓安佑先生及其夫人邓玛尼女士，大使夫人经常亲自教导我并规范我的日常工作。三年时间，将我从一无所知的毛头小伙儿雕琢成能独立主理大使官邸餐饮事务的职业英式管家。随后来华任职的邵若素大使夫妇欣赏我的工作能力，提拔我成为澳大利亚驻华大使馆的签证官。1990年，我入职芬兰驻华大使馆，受满萨拉大使赏识，被提拔和重用，并有幸成为芬兰驻华大使馆建馆后第一位受芬兰政府邀请访问芬兰的中方雇员。

我更要感谢当年在大使官邸遇到的使馆厨师家族的传人们。在与这些老师傅共事期间，我得到他们无私的教导和点拨，学到了驻华使馆厨师家族曾经秘不外传的厨艺绝活，让我有幸成为外交使团西餐厨艺的传承人。

2008年，在一次聚会中，我结识了同样热爱烹饪的隋莉女士。在之后的交流中，她对厨艺的热爱和执着打动了我，我决定收她为徒，将外交使团西餐厨艺传授给她。2014年，经过多年的筹备和精心策划，我们师徒二人一起创办了双利西厨，推广西餐礼仪文化，培训西餐厨艺和宴会礼仪。不少美食爱好者慕名而来，并满载而归。

2015年初，厚朴中医学堂堂主、中医教育家徐文兵老师携夫人来家中做客。可以说徐文兵老师是影响和改变我们一家人命运的贵人和恩人。我儿子星辰受徐老师中医思想感召，报考了厚朴中医学堂临床班三期，不仅系统学习了中医知识，更找到了自己真正热爱的事业。我太太曾不幸罹患重病，是徐老师妙手回春治愈了我太太。为表感谢，我与家人商量，邀请徐老师来家中做客，用我擅长的美食美酒感谢徐老师。那天，我使出浑身解数，奉上了一顿大使官邸外交宴会级别的烛光晚宴。席间交流中，我发现徐老师竟也是位美食达人，不仅美食品鉴水平高，对厨艺也有独到见解。徐老师和夫人对我的厨艺大加赞赏，同时对我分享的西餐宴会礼仪非常感兴趣。我们相谈甚欢，徐老师连连感慨"道不远人"，他发现西餐中的很多搭配暗合中医理论，于是当场邀请我为学堂临床班讲授西餐厨艺和西餐礼仪。从此，我这个曾经"全盘西化"的人与中医结下了不解之缘。在厚朴授课的几年中，我的工作得到徐老师的大力支持，也得到同学们的认可和喜爱。"教学相长"，我在任教期间得以近距离体验中医之美，更深入地了解传统文化。不仅补上了青少年期间缺失的文化熏陶，更将学到的中医思维应用在西餐教学和烹饪中，让同学们更容易理解西厨知识，让西餐更适合国人的脾胃。

我要向许多对此书的出版给予帮助的人致以诚挚谢意。感谢付小圃女士近二十年来像家人一样相处。感谢金娜娜女士鼓励我将人生经历写成文字，并不露痕迹地编辑文稿，帮助我把它们整理成书。感谢孙勃先生为此书出版付出的努力。感谢驻华大使馆美食餐饮协会会长方宇驰先生、英国驻华大使官邸行政总厨陈茂华先生、澳大利亚驻华大使官邸主厨赵学东先生，为此书的出版书写寄语。感谢我的爱徒和得力助手隋莉女士十年来为双利西厨无私奉献。

尤其要感谢我的家人，在撰写此书期间，太太吴女士协助我整理照片，回忆旧日轶事并温情陪伴。儿子星辰为本书作序。有你们的陪伴，此生无憾！

　　特别要感谢徐文兵老师的知遇之恩以及长久以来的支持与帮助！让我们的西餐课程与中医结下了奇妙的缘分，打破了文化藩篱与隔阂。

　　还有很多很多曾经帮助过我的贵人们，在此一并感谢！感谢所有帮助过双利西厨的朋友们！

　　同时也感谢本书的读者朋友们，您们同样是我的贵人。希望您们包涵我质朴的文笔，期待有缘分与大家把酒言欢。

王德利

2023 年 6 月 20 日

目录

壹·四合院出生的小孩

　　1959年10月，我出生在北京后海南岸，恭王府北墙外不远的地方，是接生婆来家接生的。据大人们讲，我出生的这个院落"风水"极好，否则清朝王府中最负盛名的恭王府不会选址于此。我们这个院子的北墙距离后海岸边不到十米，大门开在后海南沿小街，院落是个南北长、东西窄的非标准四合院，我家的两间西房靠近北院墙。1岁多的时候，因为拆迁等原因，我家搬到了鼓楼东大街。搬走时，我年纪尚小，对这里根本没印象，不比我哥我姐都是在这个院子里长大的，对这个院子有特别的感情。后来哥哥、姐姐经常向我讲起院落里发生过的有趣的故事，有时他们带着我去后海一带游玩（路过有军人把守的大门驻足向院子里张望，用手指给我看我们家的老房子）。

　　新家的院子是个标准的一进四合院，大门对着鼓楼东大街，这个院子在东城区算不上富贵，但在以前也是有钱人家在居住。

我们搬入之前，这个院子是汽车修理厂，它的业主就是后来和我家是街坊的冷大爷。冷大爷的汽修厂公私合营后搬迁到了工人体育场附近，我父亲作为厂里的员工之一搬入了这个院子。一同搬进来的七八户人家有四户是父亲的同事，其中两家是原汽修厂的业主或经理人，还有一位徐家舅爷，1949年前是开银行的，算是比较大的资本家，他的屋里净是些稀奇古怪的东西。其他几家和我家差不多，是工人或者贫下中农。

鼓楼东大街

新家的两间南房加起来不到20平方米，比后海的老房子小了三分之一，当时家里有爷爷、奶奶、父亲、母亲、哥哥、姐姐和我，一家七口显得很拥挤。在我模糊的记忆中，院子里总是熙熙攘攘的很多人，那年代每家每户至少得有五六口人，五十几口人居住在这个大杂院里。

　　小时候觉得院子很大，方方正正有一百多平方米。院中央一个水龙头流出的水供全院使用，夏天水龙头附近总是湿乎乎的，冬天则冻成厚厚的冰层，走到那里，异常的滑，要分外小心。冬天，北京很冷，为了防止水管被冻裂，每天都要回水，就是把水井里的阀门关上，把露在地面上的水管放空。

当年居住的四合院

贰·馋嘴童年

　　大杂院白天是孩子们的乐园，玩弹球、拍洋画、跳皮筋、推铁环……到了晚上，则是大人们的娱乐场，劳累了一天的大人们享受这片刻的自在。各家将做饭的炉子放在自家门前，一到傍晚时分，每家每户都在自家门前做饭，煤球炉子冒出红红的火焰，热气腾腾的蒸锅，炊烟袅袅。各家的晚饭桌也都摆放在自家门口，就像今天的街边大排档，边吃边侃大山，天南海北可劲聊。

　　多数时间，院子里是祥和的，但时不常地也能听到吵架声，仔细听来，多数是为了粮食吵起来的。我的童年时期粮食供应很紧张，三年严重困难。大人们把粮票看成命根子，成年人每月30斤左右的粮票，大米、白面、粗粮大致各三分之一，少量的副食品供应也是凭票证购买，鸡鸭鱼肉只有过年才能打打牙祭，一切往嘴里吃的都是"奢饰品"。我家的邻居刘大妈家有九口人，七个孩子中有六个男孩，俗话说"半大小子，吃死老子"，男孩多的家庭粮食更紧张。他家每顿饭都是拿秤来称口粮，每天、每顿饭的定量要严格把关，如果不这样，月底可能会断顿。挨饿的滋味不好受，找邻居借点口粮谈何容易，谁家的余粮都不多呀！刘大妈家1949年前是个小业主，她是那个时代少有的能识文断字的家庭妇女，向别人开口借粮票，真是勉为其难。我母亲和刘大妈要好，经常会接济他们一些。他家的小六子与我是同一年的，也是我童年的玩伴之一。他的手很巧，经常做点弹弓之类的玩具。我常收到他的玩具。当然他不会白给我，作为交换条件，我得从自家偷个馒头或烙饼什么的来交换。其实母亲知道我"偷"了吃的换玩具，但她从来没有拆穿过，多数时间假装不知道。

我家粮食也不富裕，但没到需要每顿饭称重的地步。长大了才知道，是母亲省出了自己那份口粮，尽可能给四个孩子多吃一口（1964年妹妹出生）。父亲为了给家里多弄点吃的，周日休息时经常骑着自行车和同事们一起，到城外的乡村捡拾一些农田里被遗漏的庄稼，比如，人民公社收割完白薯后，地里还会埋藏着一些小块白薯，这样的白薯对我家帮助很大，除了食用，还把多余的小白薯蒸熟晾成白薯干。后来，父亲在他同事的指导下学会了网鱼，那时北京出了五环的小河中鱼不少，尤其是立水桥，就是今天的天通苑附近，鱼特别多。我家的鱼虾吃不完，还经常送给邻居和亲朋。有时母亲把吃不完的大河虾用盐水煮过晾成虾干，冬天结冰季节再拿出来享用。

那阵子，父亲经常给我讲他和粮食的"传奇"故事。17岁那年（1942年），父亲在河北的家乡种田，正赶上华北大旱，田地里颗粒无收。眼看自家的几亩地就要旱死了，他做出了一个常人难以理解的决定，就是每天手摇辘轳用井水浇地。为了浇地，他住到田间窝棚里，除了吃饭睡觉一刻不停，经过一个多月的辛苦劳作，如愿收获了不少救命粮。如今我依然清晰地记得，每每讲到这件事，父亲脸上总是洋溢着成功者的笑容，告诉我们："那年千里枯黄颗粒无收，但我的庄稼收获还不错！"父亲的励志故事始终激励着我，并影响着我一直以来的生活态度，让年幼的我懵懵懂懂得做事要靠自己的努力。

20世纪60年代，每天吃饱肚子是头等大事，那个年代的孩子都特别馋，我先天嗅觉、味觉灵敏，所以我比别的孩子更馋些，为了解馋，没少做糗事。现在去钟鼓楼，会看到两楼之间是一片休闲广场。童年时代，那里是个糖果加工厂。每当我们到钟鼓楼游玩路过此地，脚步会自然地放慢，因为从工厂里飘出的甜甜的香气实在太诱人了。隔窗看着工人们在手工制作豆面酥糖，我的口水不停地往下咽。运气好的时候，会碰到刚出锅的一种芝麻酱馅儿糖在冷却，我们守候在厂房门口，看着硕大的电风扇冲着糖呼呼地吹。工人们用一把大片刀把边切掉，切掉的"废品"会有一些落在地上，这些掉到地上的就是我们的"战利品"。偶尔，遇到个善良的工人叔叔，会故意多掉一些。几十年过去了，从地上捡糖渣的情景历历在目，每每想起，口中仍会泛起糖渣的香甜，眼眶也会禁不住湿润。

花坛的位置就是当年捡糖渣的地方

叁·胡同小串子

尽管食物匮乏，但我的孩童时期没有多少忧愁。到点吃饭，也没挨过饿，院子里的一群孩子和我一样，整天无忧无虑地玩耍。冷家的小卉姐、徐家的黑子、康家的二胜子、刘家的小六子、西屋的于三、后来搬来的小德子……几乎每家都有我的玩伴。

我们这个大杂院的孩子，7岁上学之前基本没去过幼儿园。小时候，出门玩儿我最害怕的是过马路。那个时代汽车不多，但车速很快，即使是自行车，骑得也像今天的电瓶车一样快，所以过马路有些危险。好在多数时间我们不用过马路，出了大门向左是后鼓楼苑胡同，向右就是今天著名的旅游景点——南锣鼓巷。串胡同好像是每天必有的项目，胡同中谁家的院落里有枣树、葡萄架或是其他的果树我们了如指掌，期盼着秋日到来可以"分享"点果实。当然了，"分享"人家的果实被主人发现了免不了挨骂，跑得慢了还会挨揍……形容北京人的"胡同串子"基本说的就是我们这一代人。

年龄稍大点，我就跟着大孩子们去更远的地方玩。向北可以到北城墙，安定门城楼是去得最多的地方，高大的城门楼下，夏天很凉快，趴在城墙北沿儿，可以看火车沿着城墙呼啸而过。我们经常在城墙上一直向东走到东直门下来，乘坐7路无轨电车（今天的107路）回家，到宝钞胡同站正好是5分钱，我的身高不够，可以免票。

北海和景山公园也是我们常去的地方。为了省下入园的门票钱，大家绞尽脑汁。景山公园墙太高，逃票不容易，北海公园的围墙则有不少"漏洞"，很容易翻越。其实就是为了省下5分钱，5分钱在当年很值钱，可以买一个二两重的芝麻烧饼。当然我们也犯不上总做那些违规的事儿，钟鼓楼、什刹海这些免费的地方足够我们享用了。夏天随便找个岸边，换上当年特有的泳裤跳入水中好不爽快！我9岁刚学会游泳，就跟着大孩子游到前海的中心岛。在中心岛上跳水是我的第一项有技术的体育项目，男孩子们都在小岛上比试跳水，我的屈体前空翻无人能及，直到今天，我的肚子上依稀可见六块腹肌。那时候穷，买不起毛巾，每次游完泳上岸，就让风自然吹干身体，再换上衣服回家。冬天也不寂寞，滑冰是件好玩的事。不过多数家庭买不起冰鞋，手巧的大孩子们自己做个冰车也可以玩得非常欢乐。不论游泳还是滑冰都是大运动量的事，回家的路上，就会饥肠辘辘。这时候饿肚子最难忍，如果兜里还有一两毛钱，就毫不犹豫地到小吃店弄点吃的，但多数时间我们得狂奔回家找吃的，因为兜里连一分钱都没有。我们就这样整天穷开心，一年一年过得挺快活。

肆·遗憾的求学时光

1966年9月1日，原本是学校新生入学的日子，和我同年的几个比我大两个月的小伙伴到了入学年龄，我的生日是10月所以被卡到来年入学。到了8月中旬，小伙伴被告知无法正常开学，何时能上学等通知。那一年不但学校停课了，很多工厂也停工了。到了1966年年底，我们接到入学通知。从1967年开始，学校把暑假招生改为了寒假招生，我幸运地提前半年入学，1967年春节过后，我们终于走入了校门。"文革"贯穿了我从小学到高中毕业的始终。1977年"文革"结束，我们这一代也已经走出了校门。所以说，我们那个年代出生的孩子，没有正常上过一天学。

人生最需要启蒙和好好学习的年龄段在一片混沌中迷失，这对我而言是一件极为遗憾的事。不过有一件事情让我受益终身。一天，我陪邻居杨三到五七工厂里找他的母亲，无意中拿回了一本小册子，这本书就是影响了我一生的《名贤集》。《名贤集》是父亲读私塾时的教材，他把这本书背得滚瓜烂熟。打那天起，他几乎每天都给我讲解《名贤集》里的典故。那段时间，我明白了很多人生道理，直到今天，我依然认为父亲讲的《名贤集》可以做我的人生启蒙。

伍·待业青年

那个年代，不论学业好坏，毕业的出路大都是上山下乡、插队落户，只有独生子女或残疾人可以留在城里等待分配工作。当然，如果有幸参军入伍，在当年可是中大彩的事。1976年，我还在上高中，按照当时的情况，我毕业时，也就是1978年春节前，依然逃不脱上山下乡、插队落户的命运。即将毕业，我对自己的未来忐忑不安。

1977年，邓小平出任国务院副总理，分管文教，主持恢复高考。恢复高考改变了千百万人的命运，挽救了中国教育，也影响了中国的发展。但当时学校的老师依然动员我们响应国家号召去农村插队落户，我和父母商量，不想去插队，讲了我对插队落户前景的看法，他们居然没有反对。父亲对我说："你自己想好了，如果你不去插队，国家不会给你分配工作，你今后的生活怎么办？我们只能给你提供每天吃饭和睡觉的地方。"对我来说，父母的支持等于给我吃了定心丸，自己就此决定不去插队。

之所以有这样的想法，是出于几年前学习《名贤集》所得。父亲曾经给我讲过《名贤集》里的很多精彩典故。《名贤集》是中国古人洞察世事、启人心智的警句集锦，总结出很多做人做事的道理，让人明白一些事物的发展规律。比如，猛虎不在当道卧，困龙也有升天时。意思是：无论多么凶猛的老虎也不要睡在马路中间，被困住的龙总有一天会飞上天。这句话告诉我们：不管多么强大多么霸道都不要挡在别人前面耀武扬威。得意的时候不要太猖狂了，失意的时候也不要气馁放弃。父亲当年给我解读的时候，重点放在了每个人都会遭遇不顺、挫折，但只要耐心等待，终会重整旗鼓走出困境。正是这些警句，开启了我的心智，让我爱上了阅读并开始独立思考。尽管当时我年龄不大，但对一些事情有了自己的看法。这本书，还影响了我以后为人处世的态度，乃至从事外事工作时待人接物的原则。

中国有一句关于兵器的谚语——"强弩之末，势不能穿鲁缟"，是说即使是强弓射出的利箭，射向极远的地方，力量已尽时，就连极薄的鲁缟也射不穿。父亲曾用心地给我讲解过这句谚语。那时候文化生活匮乏，平时听听新闻成为我的爱好，新闻听多了，可以听出点"脉络"。尤其是我家的收音机短波不错，可以偷偷听到一些外电广播，从字里行间能感受到将来的大趋势。得知1977年的知青大会上，关于插队落户出现很大的争议，我感到上山下乡这件事也许会有变化。事实上，从那时开始，政府执行上山下乡的力度已经大大减弱。从我的街坊大哥、大姐在1969年的时候被要求必须插队，到1978年我毕业的时候，街道办事处的人只对我说，你的情况应该去插队，如果你不去，政府不会给你分配工作。那时候，还不允许个体工商户的存在。

其实，我能抱着只要不去插队，即使没有工作也无所谓的态度，还有一个重要的原因。我姐姐1974年高中毕业到北京平谷插队落户，两年后招工被顺义县（当今顺义区）的一个地毯工厂从平谷直接拉到了顺义，那个时代根本不尊重知青的意愿，在姐姐毫不知情的情况下档案和人事关系都落在了这家工厂。姐姐很不高兴这样的招工，回到家里，父亲得知此事，决定不让姐姐去工厂报到上班，就这样，姐姐成了失业人员。那个年代不服从组织分配就没有出路，自谋职业的机会几乎是零。恰巧这个时候，有位亲戚家的朋友，从事机绣这个当时仅有的可以自我谋生的体面职业。机绣是一种当年比较先进的绣花工艺，用到的工具是缝纫机。工作的时候，改变一下家用缝纫机机针位置的缝制结构，将印了图案的布，用两个不同大小的竹圈固定住，双手握住竹圈，把棉线按图案绣在布上。机绣技术并不好掌握，属于即使有师父教也不一定学得会的技术活儿，所以政府没有办法把它变成集体组织生产方式。姐姐手挺巧，没用多久，她就在师父的耐心指导下胜任了这项工作。机绣这项工作的从业者不多，所以收入比一般单位的工资高。

当年，机绣业务主要是为一些工厂提供服务，把指定的图案绣在诸如结婚的枕套、床罩和桌布上，另外，也有大量童装上的图案需要机绣。一开始，我只是出于好奇，经常观察姐姐绣出的漂亮图案。有一次，看到她在童装的胸前绣华表和礼花，我觉得绣礼花技术含量不高，有些手痒，求姐姐让我试试。姐姐给我讲了技术要领，还手把手地教我完成了一个。不经意间，我居然学会了一点机绣技术。随后的日子，我替姐姐分担了一些力所能及的活儿，那个月，姐姐按照我的"贡献"给了我18元工钱，这是我人生第一次通过劳动获得收入。

当年的缝纫机

当年的机绣作品

眼看就要高中毕业，我对自己的前途越来越担忧。人在压力巨大的时候，总能激发出自身潜在的能量。既然自己也可以干机绣的工作，能靠这份工钱养活自己，为什么不抓住机会？想到这里，我开始认真向姐姐学习技术，勤勤恳恳地干活，没用多久，居然成了机绣行业里的排头兵，收入是当时普通工人的二三倍。有一次，遇到一个在机绣技法上要求极高的技术活儿，要在上衣的胸前绣出一个看起来颇有立体感的北海白塔。这需要先用黑线勾勒出白塔的轮廓，白塔塔身用一号白线渐次变换颜色至灰色，形成立体阴影效果。绣塔身的时候，为了达到立体效果，还要把一根大号的缝衣针包在线里面，直到绣完，再将针抽出，这种工艺术语叫包针。尽管绣这个白塔给的工钱不菲（平时一般的绣品0.4~0.5元/个，白塔1.1元/个），但由于绣的过程中容易折针（一根针0.14元），而且还可能绣不出来，所以没人愿意接手。我看着工钱诱人，便答应拿过来试试。经过几天的摸索，我不但绣出高质量的图案，而且效率很高，可算是多快好省。通过这个工作，我竟成了机绣行业的佼佼者，那个月的收入也创了新高，挣到320多元！（平时机绣工作的收入是150~200元/月）这可是1977年的320元，当时，一个全民所有制的技术工人月工资40元左右，即使是科级干部的工资也不到50元。我这一个月挣了科长半年多的工资，有钱的滋味真好！随着这项工作带来的收入逐渐稳定，我发现自己生存无忧，甚至实现了财务的小小自由，等待时局变化的心态也安稳下来，不去插队就不分配工作这个问题也没能困扰到我。

陆·找到组织

1978 年，各种小道消息满天飞。2014 年热播的一部电视剧《历史转折中的邓小平》中有一个镜头，面对知青会议上的争执，邓小平同志只说了七个字："让孩子们回来吧！"当看到这个情节时，我的泪水浸湿了双眼。他老人家的这一句话拯救了多少青年人！他的这一句话，把我从一个"违规"分子划归到国家给安排工作的合法人员。

时间来到 1979 年的春天，街道办事处的一位工作人员来我家敲门，告知我一个月后参加招工文化考试，可以想象我当时是多么兴奋，喜从天降呀！

那一年的招工考试考语文和数学，参加考试的有我们这样的没去插队的高中毕业生，有从东北、内蒙古、宁夏回京的兵团知青，还有北京郊区各县的回城者。其实那年的招工考试就是走过场，对招工本身没有任何意义。接下来的事情似乎格外顺利，没过多久办事处通知我去填报工作志愿。办事处的墙上贴满了招工单位，我对北京图书馆的职位很感兴趣，旁边一位也来填报志愿的同学告诉我："你还是选外交部下属的北京外交人员服务局吧，这单位是给驻华大使馆派遣工作人员的，有外事补贴且吃喝很好，在驻华大使馆工作多有面子！"他还介绍说，他的叔叔就在大使馆工作，所以了解情况。那时候，吃喝对我很重要，既然待遇这么好，我就义无反顾地在工作志愿栏内填上了外交人员服务局，而且，工作志愿可以选择三个单位，对我来说，这只是其中一个选择。

过了十多天，又一次接到办事处通知，这次是让我去和用人单位的人员见面。一路上，心里有些犯嘀咕，到底是哪家选我了呢？来到办事处，发现还是北京市外交人员服务局。招工的同志给我一份表格，让我填上简单的个人信息。完成后，他发给我一张纸条，上面写着"1979年10月17日来外交人员服务局报到……"。从此，我就是个有组织的人了。

现在回想，当年入职外交部系统真是人生幸事。我从一个不遵守上山下乡政策的落后分子，到天降洪福，轻轻松松得到了这么好的一份工作。在没有分配工作的十几个月里，我并没有忧思彷徨，反而异常忙碌，做机绣挣了不少钱，算是那个年代的"人生第一桶金"。还有一个幸运之处，1979年应是结束上山下乡政策后的第一次招工，走后门的人不多，所以我才得以顺利入职。再往后，找工作就没有如此容易了。

柒·入职外交人员服务局

1979年10月17日，我如期来到东城区干面胡同51号报到，外交人员服务局的总部就坐落于此。第一天，主管新职工培训的于处长给我们一起入职的70余人宣讲了培训计划和注意事项。首先，我们要进行政治学习，为期三个月。外交人员服务局是个政治性很强的单位，派往使馆的中方工作人员必须严把思想政治关，防止被资本主义腐蚀。

北京外交人员服务局成立于1962年1月2日，隶属于外交部，是实行企业化管理的事业单位。1953年6月，经周恩来总理批准，组建外交人员服务社，即北京外交人员服务局前身。1955年初，在服务社基础上组建了外交人员服务处。那时，驻北京的外交使团不多，因为很多国家的驻华使馆于1949年随蒋介石一同迁往了台湾，只有社会主义国家和少数中立国在北京建立了使馆。当时，社会主义国家的使馆很少雇用中国员工，因此外交人员服务处管理的员工并不多，主要是对1949年驻华使馆私雇的使馆雇员进行统一管理。这些雇员中的大多数是从清朝末年开始进入北京公使馆工作的家族式群体，他们是中国最早接触西方礼仪文化的从业者，厨艺和礼仪服务标准源自英法贵族，代代相传几十年。还有一部分雇员来自南京，他们供职于各国驻"中华民国"大使馆，这些国家承认新中国后，使馆从南京迁址来到了北京。1962年1月2日，经周恩来总理、陈毅和习仲勋两位副总理审定批准，正式成立北京市外交人员服务局。成立之初，由外交部和北京市双重领导；1968年3月，归属外交部单一领导；1970年1月，又变回了外交部和北京市双重领导。

1979年，我们入职的时候，外交人员服务局是个很特殊的单位。当时，国家还没有开放对驻华使馆服务的市场，使团服务业务由中国政府提供，其他商业机构不允许介入，外交人员服务局是唯一一家指定单位。1971年第二十六届联合国大会恢复了中华人民共和国的合法席位后，和中国建交的国家越来越多，使馆需要的外事人员也相应增加，外交人员服务局大规模的招工始于这段时间。最大规模的一次招工是直接把北京卫戍区的304名"五好战士"转业到了外交人员服务局，随后的几次招工对象都是在北京通州区（当年叫通县）插队落户的知青和当地村干部的子女。我们这次70多人入职是外交部面对社会的最后一次招工，此后再招的员工大多是外交部系统的家属。

那个年代，能入职外交人员服务局是件很牛的事，我们算是时代的幸运儿。70多人的组合也很特别，最小的17岁，是刚离开学校的高中毕业生；最大的30岁出头，是东北和内蒙古建设兵团回城的知青。外语干部属于特殊人才，当年懂外语且能胜任使馆工作的人很少，"文革"期间大学生以一种特殊形式存在，那就是工农兵大学生。我刚到澳大利亚驻华大使馆工作的时候，除了首席翻译老潘，其他的翻译都是工农兵大学毕业生，这些学生的外语水平实际不高。招收的人员外语水平参差不齐的现象到了20世纪80年代才有所改善，1977年恢复高考后，正规大学生才大批进入使馆工作。

入职外交人员服务局

政治学习的主要内容外事纪律让我难以忘怀。我们头两个月的任务就是每天重复学习这四十条外事纪律。第三个月培训内容有了变化，是请在使馆工作的厨师、管家、花工等劳模作报告，从他们的讲话中了解不同岗位的工作性质。

捌·择业英式管家

　　培训第三个月进入了工种分配阶段，其中，厨师是多数人想干的技术工种。因为有年龄限制（25岁以下），我知道自己很可能会被划入厨师行列。大使馆的厨师吃得好，喝得好，收入也高，而我从小就喜爱烹饪，选择厨师职业本是理所当然的事。但在这三个月的培训中，我对自己的未来有了不一样的规划：今后不想靠手艺谋生了，我想在工作中多学点文化知识，以弥补"文革"时期几乎荒废的学业。我暗自琢磨，改革开放刚刚起步，外语人才急缺，既然将要和外国人打交道，为什么不好好学习外语呢？况且，招工前的机绣工作已经为我赚到了人生第一桶金，我可以毫无后顾之忧地选择可以学习外语的工作。听说大使管家最有机会把外语学好，于是我毅然选择了这个当时看似技术含量不高的工作。分配工作时，人事处长同我们每一个人谈话，当面通知工种的分配并征求意见。当我把自己的想法告知处长时，他有些始料不及，他说："你还是回家和父母商量一下吧，你好不容易得到了做厨师的机会，怎么能放弃呢？年轻人要多学点手艺，再说这两个工作的工资待遇差别不小……"我感谢了处长的一番好意，但依然坚持自己的决定，处长有些惋惜又无奈地接受了我的选择。正是当初这个决定，改变了我此后的人生轨迹：我在使馆的工作变得一帆风顺，不但学好了英文，更意外得到了外交使团的厨艺真传。此后，更得以从蓝领升职为外交使团的白领。当然，我并没有多强的预见能力，当时做这个决定的时候，只是听从自己内心的选择，并没有考虑那么多。

确定工种后，就是按照各自选择的职业开始业务培训。说实话，在当时的条件下，我们几个选择英式管家的人，没能找到一个适合培训烛光晚宴的场所。服务局只能把我们安排在当时北京仅有的几家涉外饭店——北京饭店、仿膳餐厅和全聚德烤鸭店进行实习培训。我们实习的主要内容是学习接待外宾的服务礼仪和餐饮文化。1980年春节前的某一天，我开始了为期六个月的业务实习，实习地点是全聚德烤鸭店帅府园分店。

玖·烤鸭店实习

全聚德烤鸭店帅府园分店坐落于王府井大街中部，帅府园胡同西口。向东不远处是中央美院和协和医院，二层楼的建筑分别接待内宾和外宾。我到烤鸭店实习的第一印象，就是丰盛的美味佳肴，尤其是香喷喷的烤鸭。宴会厅里的茅台酒香飘四溢，烤鸭炉旁挂满了即将入炉的鸭子，苹果树木柴整齐地码放在员工通道墙边。在此之前，我第一次和北京烤鸭的近距离接触是在电影院里看《北京烤鸭》的纪录片。影片中，荷叶饼卷上蘸满甜面酱的脆皮烤鸭，隔着屏幕仿佛都能品尝到香喷喷的滋味。看着如此令人垂涎欲滴的画面，不流口水是不可能的。现在好了，身边全是烤鸭，唾手可得。那年月一只烤鸭八九元，涉外饭店价格翻倍也就是20元一只。现在看来这价格的烤鸭太便宜了，但当时老百姓的月工资只够买5只左右。尽管烤鸭价格不菲，但在当年如果想吃北京烤鸭，全国也只有全聚德在北京的三家店和便宜坊一家店。

烤鸭的确太诱人了，生活稍微富裕点的人还是要来尝尝这鸭子的滋味，如果求人办事，请吃烤鸭绝对是"高大上"的选择，所以那时候烤鸭店的生意挺红火。

20世纪80年代初期，随着中国改革开放步伐的加快，中国已停滞了三十年的国际交往日益正常化，国际游客蜂拥而至，国门一开便应接不暇。20世纪六七十年代日本经济高速发展，日中航线又往来方便，所以绝大多数的游客来自日本。紧随日本游客而来的是中国香港游客，当然那时候还叫英属香港。那时候内地的人均收入和香港的人均收入有几十倍的差距，因此，香港人在内地成了有钱又洋气的香饽饽。

无论从哪里来的游客，到了北京有两件事必须做：旅游景点一定要去八达岭长城，吃喝不能错过北京烤鸭和茅台。来北京旅游的口号是"不到长城非好汉，不吃烤鸭真遗憾"。烤鸭成了最受外国游客欢迎的中国美食之一。烤鸭店除了接待国际游客，二楼外宾餐厅就餐最多的是中国的外事单位，对外友协、外贸部、侨办、外交部等机构是常客。这些部门接待外宾，一定要来全聚德吃烤鸭，这是当年的官方接待配置。这些招待宴请，往往会有一些剩余产品，这些就成了我们服务人员的额外收获。

我第一次吃到烤鸭，喝上茅台，就是源于宴会后的剩余。尽管以这样的方式第一次吃到烤鸭有点窘，但那美味足以让我铭记在心。从此之后，北京烤鸭成了我一生中最喜爱的中餐，直到今天，如果朋友请客问我想吃什么，我都会毫不犹豫地选择吃烤鸭。倘若一个月没吃到烤鸭，我就要自己去烤鸭店打牙祭。

我来烤鸭店实习主要是适应与外国人接触，同时学一些基本的招待礼仪，并不学厨艺。但我对厨艺有着先天的爱好，空闲的时候，常去后厨观摩烤鸭的制作过程。现在烤鸭店购进的鸭胚，清理基本上是在郊区的加工车间完成，鸭胚运来直接放进烤炉。那个时代的全聚德购进屠宰好的鸭子，在后厨掏出内脏，清理鸭胚。清理的时候，厨师们用一个电气泵从鸭子的肛门插入，把鸭子吹得很鼓，然后在鸭子的翅膀下划一个月牙儿刀口，两只手指伸进去一拽，内脏就出膛了，然后拿两根不同形状的秫秸秆，一根堵住鸭子的肛门，一根撑住鸭子的胸膛，这样一只鸭子就清理好了。再将清理好的鸭子挂在架子上，把表皮风干后"排队"等着进烤炉。负责烤鸭的师傅给要进烤炉的鸭子表面涂上蜂蜜，用一个尖嘴壶把热水从鸭翅下的月牙儿口倒入，然后放入吊炉烤40~50分钟。噼里啪啦的苹果树木柴在炉口燃烧，果木的香气伴随着烤鸭的香味扑鼻而来……这种"规模宏大"的制作，我也只能跟着看热闹，就是学会了，也没能力在自家如法炮制。

荷叶饼也是烤鸭店的特色之一，我曾经在电影里看到的薄如蝉翼的荷叶饼就在眼前。看着面点师傅娴熟地把面团擀成薄饼，我感觉这个不难学。那个时代，家家都会做烙饼，我奶奶和我母亲的烙饼技术极好，我9岁就帮助我奶奶烙饼，对做面食有点经验。面点师傅见我感兴趣，毫不保留，特别热情地给我讲解制作要领。我也很认真地学习，按照面点师傅传授的技巧有样学样，居然做得八九不离十，一回家就向母亲显摆我烙荷叶饼的手艺。

我之前一直以为配烤鸭的甜面酱就是从商店里购买的成品，其实并不是，这里面也很有学问。买回来的甜面酱，一定要加工一下，我们的工作之一，就是每周都要在备餐室把酱调好。说来也很简单，一盆酱加糖蒸熟后，再加少许香油，味道一下子就香了许多。从烤鸭如何炙烤出炉，到餐桌上如何吃烤鸭，尤其是甜面酱的调味秘方，我都如数家珍，一一讲给亲朋好友。这样一来，也就"忽悠"了不少身边人，让他们像我一样热爱上了北京烤鸭。

当时在全聚德实习，感觉那里员工的福利待遇非常不错。对食堂的员工餐来说，不定期可以花1毛钱买一份烤鸭餐，如果自己不吃，可以带回去；差不多一个季度，会给每个员工发一桶鸭油；春节过年前，还可以以8元的价格买一瓶纸包茅台酒。如此种种，令我羡慕不已。

纸包茅台酒

拾·"转战"北京饭店

人生顺利的时候总觉得时间过得很快，在全聚德实习转眼已经过了6个月，这6个月当中，我了解并学习了一些厨艺，在宴会服务中知道了一点接待外宾的礼仪，见到了一些平时只能在电视上看到的大人物，外语水平也有了不小的进步。实习期一满，我们都很期待被派往使馆，开始正式工作。然而，没有等来被召回的命令，却接到通知，让我们转到北京饭店中楼继续参加培训。当时大家都有点失望，一方面是大家进使馆工作的心情迫切，另一方面是正式工作后，工资收入会增加不少。那时，我们作为实习生，每月工资22元，如果转正，每月就会拿到31元。成为正式职工的第二年，涨到每月36元，再加上类似外事补贴之类的各种补助，我们每个人每个月可以挣50多元，类比其他地方的工作，可算是收入多又体面。所以，当听到还要继续参加培训的消息，大家是有些失落的。我当时因为有笔不小的积蓄，所以并没有太难过，而且对北京饭店还有些好奇。现在回想，当年组织的这个安排对我来说非常有意义，这段经历对我后来的人生帮助不小。

北京饭店中楼

北京饭店在当年是中国境内吃喝住的顶级场所，如果那时有星级评定，北京饭店必定属于超五星级。餐饮方面，中国境内除了人民大会堂，没有能和北京饭店媲美的。我实习的中楼是北京饭店建筑群中最古老、最牛的地方。北京饭店始建于1900年，坐落在王府井南口的西北角，当时只是个二层小楼，到了1911年清朝宣统皇帝退位后，民国初年兴建了北京饭店中楼，就是我实习的这部分建筑。当年，人民大会堂每次举办国宴，都要从中楼餐厅抽出一部分名厨参与其中。

北京饭店最著名的厨师之一是川菜名厨黄子云。国庆十周年庆典，黄子云随其师罗国荣主理国宴设计及厨事。黄师傅通常只在重要宴会上担当主厨，平时作为行政主厨监督菜品质量。黄师傅非常负责，徒弟们做出的每道菜他都要拿筷子头蘸点菜汁品尝，严把质量关。有一天，一个重要代表团入住北京饭店，黄师傅亲自出马，烹制了一道大菜：葱烧一品海参。硕大的一品海参被切成八块，再把大段葱白切好、洗净，入油锅煎香。黄师傅的这道葱烧海参味道美妙得难以用语言形容，过了几十年仍令我难忘。品尝到国宴主厨的作品之余，我还学得了这道菜的烹饪要领。人对吃喝分为三个阶段——吃饱、吃好、吃情调，如今，很多餐馆已经不仅仅强调吃好了而且以吃情调为要求。可即使如此，似乎也很难再让我对某一道菜念念不忘了。

在北京饭店，我见识了许多次国宴的隆重场面，餐具、菜品、台面上的鲜花映衬着北京饭店西楼金碧辉煌的宴会大厅，服务团队井然有序，各色菜品色香味俱全。我还在多国外交使团的国庆招待会上服务。由于外国人喜爱饮酒的缘故，数不清的洋酒、香槟香飘四溢。那个时代，国宴上的标准饮料是白标啤酒、北冰洋汽水、北冰洋苏打水。外国使团的宴会往往都自带红酒、洋酒。这是因为当时我们国家的海运、空运几乎没有，所以这些外国产品虽然本身价格不贵，但很难运输进来，就显得非常稀缺和珍贵。记得我第一次负责开香槟酒，被折腾得异常狼狈，由于没有开启这种瓶塞的经验，开了几十瓶香槟，没有一瓶不喷洒出来的。好在日积月累，也就驾轻就熟了。北京饭店短短3个月的培训，我荣幸地与国宴大厨为伍，长了见识、开阔了眼界，真是难得的美食、美酒经历。后来我做美食、美酒教学工作，所提及、教授的不少美食文化、历史都和北京饭店相关。

拾壹·结缘澳大利亚驻华大使馆

　　九月底，我们几个英式管家实习生终于结束了培训，组织基本上已经安排好我们各自要去工作的使馆了。一名学习法语的同事去了葡萄牙驻华大使馆；一名学日语的同事去了日本驻华大使馆；我那时已经开始学习英语，感觉自己应该被派往英语系国家的驻华大使馆，但得到的消息是要派我去德意志民主驻华大使馆，就是当年的东德驻华大使馆。这样的结果实在不尽如人意。一天，我被通知到局办公室办入馆手续，一路上我闷闷不乐。

　　办理入馆手续很简单，就是领取一张使馆出入证，再听领导讲一讲外事纪律。我拿到使馆出入证的时候，心里着实吃了一惊，怎么是澳大利亚驻华大使馆？我仔细查看出入证，心想：不是发错了吧？核对之后，发现丝毫不差，名字就是王德利，就是澳大利亚驻华大使馆。后来才知道，计划被派遣到澳大利亚驻华大使馆的同事，因为在北京饭店实习期间私换外汇券被北京饭店举报了。在当年，对我们单位来说，这是重大的违纪违规问题。而我则因为这件事，被临时调整、派遣到澳大利亚驻华大使官邸，从此和澳大利亚结下了不解之缘。

拾贰·澳大利亚驻华大使馆

1979年10月，我幸运地入职外交人员服务局，1980年10月又阴错阳差地得到了澳大利亚大使馆的岗位。多年后我一直在想，如果当时去了德意志民主驻华大使馆，后来的人生故事会是什么样？可能不会像今天这样写出文字来与大家分享。

1972年12月21日中澳建交开启了两国交往的新篇章。澳大利亚是和中国恢复外交关系比较早的国家之一，大使馆被安排在了东直门外大街上。那个年代建的使馆，设计简单且雷同，如果不看大门口的牌匾和国旗，从建筑样式上根本看不出是哪个国家的大使馆。大使馆里面的设计风格也简单得很，还没有我们现在新盖的普通公寓好。

澳大利亚驻华大使馆于1973年春天开馆，首任大使费斯芬是个中国通，1971年费斯芬大使陪同他们国家的反对党主席惠特拉姆访问北京，毛主席接见惠特拉姆的时候费斯芬大使充当翻译，他是少有的几位见过毛泽东的驻华大使。费斯芬大使从北京离任后，成立了一家专门为中澳经贸往来服务的咨询公司，经常往返于中澳之间，我在使馆里也常常见到他。最传奇的是，他把当年在使馆为他服务的中方首席翻译白先生聘为合伙人，白先生一家人就此移民澳大利亚，这在当年是一步登天的美事，白先生一家瞬间成了澳大利亚的中产阶级家庭，澳大利亚人民对中国人民的友好情谊可见一斑。

澳大利亚驻华大使馆宴客

1980年，我服务的是澳大利亚第三任驻华大使邓安佑，邓安佑大使也是个汉学家，但他不会讲中文。他写过一些有关中国历史的书，1983年8月，邓安佑大使在北京期间，新世界出版社（NEW WORLD PRESS）出版了他撰写的中国历史研究著

作 *CAO ZHI: The Life of a Princely Chinese Poet*（《王子诗人曹植》）。邓安佑大使还特意送给我一本由他签名的书，这本书我至今保存完好。

邓安佑大使给作者赠书题字

拾叁·初入使馆

　　1980年10月4日，我怀着喜悦又有点忐忑的心情，踏入了澳大利亚驻华大使馆。这是我人生第一次踏上"他国领土"，开启了白天"出国"上班，晚上下班"回国"的工作模式。澳大利亚驻华大使馆的首席翻译潘先生把我引荐给大使夫人。大使夫妇两个月之前才到任，大使夫人是英裔澳大利亚人，看上去40多岁的年纪，身高1.7米左右，相貌十分贴近电影中的英国贵妇，她随丈夫的姓，中文名字叫邓玛尼。大使夫人用英文和我交流，一些简单的会话我还可以应对自如。这是因为，进入外交人员服务局后，我就开启了强化英语学习的节奏，实习期间学了不少实用的口语。但和邓玛尼夫人进一步交流起来，就有些困难，需要潘先生来翻译。聊了一会儿，大使夫人突然开口说起了中文。原来她到北京后，报名参加了北京语言大学留学生班。我感觉她的中文水平和我的英文水平不相上下，心中有些窃喜，觉得以后我与邓玛尼夫人间的交流会更加顺畅。果然，在后来的工作中，我们就中英文混搭交流。而且，这也为我此后的英语学习提供了便利条件。这是后话，我在后文中会详细记述。和大使夫人聊了半个多小时，面试就结束了，她要我第二天去上班。

上班第一天，大使夫人依次为我介绍她的官邸楼上楼下的情况，并告知我该负责的工作。宴会厅、客厅、厨房和花园是我的"主战场"，每天的上班时间从中午12点开始，晚上大使夫妇如果在家吃饭，我就19点下班；如果他们外出参加晚宴，等他们离开家后我就可以下班；要是大使在自家举办宴会，那我的工作就要延时，一般至少是到半夜。邓玛尼夫人看到外交人员服务局发给我的白色工作服，告诉我，平时或酒会，可以穿这件白色工作服，如果家里举办烛光晚宴，就穿她为我特制的黑色礼服。她还特意把我带到酒窖，介绍那里的藏酒，特别自豪地介绍，那些葡萄酒全部产自澳大利亚。澳大利亚的酒在20世纪70年代红遍欧美，想来当时邓玛尼夫人对着一屋子美酒就像拥有一屋子宝藏吧。邓玛尼夫人语重心长地告诉我，作为主理烛光晚宴的管家，要尽快熟悉葡萄酒和各式洋酒，酒窖是我负责管理的重要工作之一，并郑重地把酒窖钥匙交给了我。其实，酒窖就是在宴会厅旁边的一间十平方米左右的房间，为了控制温度加装了空调设备，我注意到这间屋子里没有暖气设施。这天开始，我就知道了葡萄酒的储藏温度，不能太高也不能太冷。多年后我介入葡萄酒营销行业，提到当年这段往事，令酒业同人们羡慕不已，可以说我是中国较早和葡萄酒结缘的从业者。

　　说实话，来到大使官邸的第一天，我有点像刘姥姥进大观园，面对五光十色的西洋景儿，看花了眼。尽管之前在北京饭店实习过，自诩见过点世面，但在当年，中外生活水平的差距太大了，这是当代年轻人无法想象的。那时候，我们的住房低矮破旧，食品供应较为严格，在北京，只要入口的东西，几乎都要票证。就拿工资收入来说，我当时的工资加外事补贴1个月差不多60元，按当时中国人的人均收入来看，属于中上水平，可邓安佑大使的工资折合成人民币有5万余元！我们之间的收入足足差了800多倍！就连使馆最低工资的澳大利亚籍警卫人员的收入都是我的300倍。不难想象，这种收入上的极大差距，让那时候的我们对外国人自然而然形成一种仰视的姿态。

拾肆·古董级专业师傅

第一天上班，就这样晕晕乎乎地过去了，听了大使夫人提出的闻所未闻的要求，我觉得自己根本胜任不了英式管家的职位。我在烤鸭店、北京饭店培训的内容几乎没什么用，英式管家完全不同于一位餐厅服务员。好在官邸内有位资深英式管家——查师父，我从此便成了他的徒弟，开启了学做职业英式管家的模式。

当年查师父58岁，听这姓氏就知道他是位满族人。查师父国字脸，身高一米八，微灰的大背头梳得锃亮。作为八旗子弟的后裔，他年轻时是位公子哥儿，也曾经天天提笼架鸟，到了民国时期变成破落贵族。为了有口饭吃，只得自谋职业。1949年前，他就在外交使团做英式管家，在这行当里可算是资深从业者。

闲暇时，查师父经常给我讲早年间他在东交民巷使馆区工作的故事。1900年庚子之乱签订辛丑条约后，东交民巷成了外国租界。1927年，国民党北伐胜利后定都南京，驻华外交使团也随之迁往南京，留京的外交使团被降格为公使馆或领事馆。1939年，查师父跟随叔父在东交民巷的英国府（英国公使馆）谋了个差使，是叔父把他培养成了英式管家，在抗日战争和解放战争时期，有个使馆的工作是相当不错的，高薪、体面，住在使馆里有安全保障。1949年后，查师父经历了一段艰难时期，他工作的英国公使馆迁到了台湾。尽管英国公使馆临撤走时补偿了不菲的生活费，但失业的滋味不好受呀！幸亏查师父人缘好，在其他使馆工作的工友们帮忙介绍，他在缅甸驻华大使馆谋了个差使。虽然待遇比之前在英国公使馆时差了不少，但总算有了个饭碗。

工作伊始，我就遇到这样一位使团工作经历丰富，堪称古董级的师父，实在是三生有幸。我每天紧跟在查师父身边学习，他对我耳提面命，倾囊相授。

对我来说，酒的品类服务尤其难学。有一次，烛光晚宴到了餐后酒的环节，查师父说："你去问一下客人Long drink喝什么。"我赶忙走进客厅问客人："Do you want Long drink？"然而，没有一位客人回应我。我感到莫名其妙、不知所措，连忙跑回备餐室，告诉查师父，我按照他的指示提问，但是没人理我。查师父问我是如何向客人表达的，我如实相告。查师父告诉我，Long drink是烛光晚宴的一个环节，就像前菜、主菜……要向客人这样提问："What would you like to drink？"我这才豁然开朗。

除了烛光晚宴需要掌握的内容，查师父还教了我很多管家必备技能。比如，查师父经常带着我给银器餐具、酒具进行护理。

这时我才知道这些器具价格非常昂贵，欧洲贵族家中使用的器皿，都是世代相传，尤其是水晶类的器皿，即使有小的磕碰，都不会丢弃，往往是把破损处用砂纸打磨后继续使用。如果您有一天到贵族家里做客，主人提供了稍有破损的水晶杯，千万不要嫌弃，没准您手中拿的这个"破杯子"，是拥有几百年历史的一件古董。

只要有时间，查师父就会给我讲传统英式管家的职业要求。他常叮嘱我，不要看轻自己现在的工作，因为一位合格的英式管家需要极高的自身修养，不仅要拥有较高的生活智慧和专业素养，更需要具备深厚的文化底蕴。合格的"NO.1"应熟知各种礼仪、佳肴名菜、名酒鉴赏、水晶银器保养、古董鉴别和养护……既能统筹全局，安排官邸内的大型活动，又要事无巨细，观察入微，将服务细节做到完美无缺。

他告诉我，他教授我的技能，只是技术层面的应用。我回家后，还要多读书、多学习，除了语言关一定要过，还要学习世界历史、地理，另外，对世界几个主要国家的文化传统、民族习惯、宗教信仰等都要有所了解。查师父对我的期望是：成为一名合格的英式管家，做绅士中的绅士，虽无贵族血统，却能做贵族的老师。查师父的这个期望，成为我一生为之努力的目标，也是我在退休后选择从事西餐礼仪教学工作的重要原因。至今，我一直深深感恩、怀念这位影响了我一生的恩师。

拾伍·抚今追昔恍如梦

开始上班之后，没过几天，邓玛尼夫人带我来到位于东交民巷的红都服装店。当年，红都服装店是北京最好的制衣公司，不接受普通老百姓定制，只为国家领导人或公务出国人员制作服装。邓玛尼夫人亲自给我选了一套黑色马裤尼西服、两件白汗衫、两条黑领带。邓玛尼夫人付钱的时候我偷看了一眼，200元的外汇券只找回了3元多。我心中忍不住咂舌，这可是我半年的工资呀！这套西服是我人生第一套最贵的服装。回使馆的路上，邓玛尼夫人又在北京友谊商店为我买了一双黑皮鞋，几乎又是我1个月的工资。

当年，澳大利亚驻华大使馆坐落的三里屯使馆区，哪有如今这般繁华、时尚，就是盖在一片农田里，周边一片荒芜。三里屯地名的由来就是这个村离东直门三里地（1.5千米），就像现存的一些地名，如六里铺、八里庄、十里河等都是按照距北京城门的长度而定的。当年东直门外大街还没有开通，我从鼓楼骑车上班，要穿过一片破旧的村落，村落里的这条土路特别不好走，晴天一路尘土，雨天满地泥泞。一共不到2千米的路，我却觉得异常漫长。如今这条乡村土路已经很宽敞漂亮了，东直门枢纽站、东湖别墅、银座Mall……澳大利亚、加拿大和德国的新使馆也建在这条路上，有时经过这里，心中一片恍惚，再也找不到当年破旧的模样了。

往往这时，我都会回想当年，那个年代，在发达国家的使馆工作让人感觉异常兴奋。记得刚进入澳大利亚驻华大使馆工作的那几年，上班的积极性非常高。主要是因为使馆工作环境好：绿草如茵的庭院花园、游泳池、网球场、室内乒乓球场地、美食美酒。另外，在北京友谊商店可以采买粮油蛋奶、鸡鸭鱼肉，而且都不要票证，这些和当年北京老百姓的生活相比，简直就是进了"天堂"。如今，这样的差距完全没有了，我们很多普通百姓的生活与世界发达国家的零差别，吃穿住行基本一致，这些都是改革开放40多年来实实在在的成就。

拾陆·英语梦想

　　自从1979年入职外交人员服务局，我就跃跃欲试地要把英文学好。一是在"文革"中后期，文化管制有所放松，许多外国电影以内部观摩的形式在影院里放映。我哥哥正好任职东四附近一家电影院的放映员，由于这个便利条件，我在中学时代几乎看遍了他放映的内部片。其中，以好莱坞的大片看得最开心，《音乐之声》《魂断蓝桥》《罗马假日》……都是我百看不厌的经典影片，银幕上充满异国风情的浪漫氛围，片中浪漫优雅的英语对白，令我羡慕不已。每次看这些英语原版电影，我都下决心要好好学习英语，希望总有一天自己可以讲流利的外语，像故事中的主人公那样经历传奇，不负此生。二是一入职，我就选择了看似没有什么专业技能的英式管家，这在当年，是并不被人看好的职业，它唯一的亮点就是需要掌握一门外语——英语。三是自己未来工作的地点、性质、内容，都决定了学习外语的重要性。所以，入职外交人员服务局不久，我就给自己制定了严格的英语学习计划。我要用4年时间，达到或者超过大学英语专业的水平。青春年少的我踌躇满志，信心十足，用一句歌词诠释我当时的心情就是"全力以赴我们心中的梦"（《真心英雄》，李宗盛作词）。

拾柒·英语学习与录音机

　　十一届三中全会以后，除了恢复高考，国家还鼓励成人文化补习，承认夜大文凭。与之相对应，社会上各种夜校、补习班如雨后春笋般遍地开花。职工上夜校的学费由单位报销，广播电视大学教学大行其道……社会上，学习文化知识蔚然成风。而我恰好有幸乘上这波风浪，恰逢良好的社会环境以及优越的学习条件，让我得以实现心中的梦。现在想来，一个人，如果真正心怀理想，那么冥冥中一定会出现帮你成就梦想的环境与机会，至于此后能否成功，就要看自己的意志是否坚定了。

　　1979年，视听设备极其匮乏，从日本和欧美国家进口的设备极少且价格昂贵。我记得1972年我家买了第一台半导体收音机，为了听各自喜爱的广播节目，兄弟姐妹经常吵吵闹闹……1978年，家里买了第一台匈牙利出产的14英寸黑白电视机，每天晚上7点，才能收看中央电视台或北京电视台的节目，家里人会一直开着电视机，直到夜里12点电视台节目播出结束。到了1979年，我入职外交人员服务局后，为了学习英语，我毫不犹豫地买了一台春雷牌录音机，当时录音机标价179元，这个价格对于刚参加工作的人来说是个天文数字。为了找出问题，纠正自己的发音，我把自己朗读英文的声音录进磁带里，再放出来听。人生第一次听到自己的声音，那种感觉怪怪的，好像录音机里说话的是一个陌生人，与自己并没有关系。也许是对录音机的喜爱，也许是对英语学习的执着，那段时间，我反复录制自己的英语发音，然后和电视里英语老师的发言做对比。学过外语的人都知道，初始阶段，把音标念准特别重要。那个年代，英语人才匮乏，身边几乎找不到能够纠正我发音的人。实习期间我下班很晚，上不了夜校，所以这台录音机算是我的英语启蒙老师，它对我的英语学习起到了至关重要的作用。

当年学习英语用的录音机

拾捌·与老外聊天

在我实习期间，上班时间不确定。由于饭店工作的特殊性，很多时候从早上 10 点工作到晚上 8 点。这与夜校的教学时间相冲突，所以根本赶不上。但每天早起电视台的英语教学节目可以赶上，可以跟着学习 2 小时。这样的学习方式不是最佳的，但长期坚持下来进步也不小。另外，我的实习地点是全聚德烤鸭店和北京饭店，这两处常有外国人进出，所以经常能用到英语。那个年代中国人会讲英语的很少，外国人来华旅游，碰到能用英语跟他们聊天的中国人不容易，所以一遇到，就特别愿意多聊几句，他们认为通过聊天，可以充分了解、感受中国的风土民情。于我而言，有这样好的练习对象，也是求之不得，所以往往我会和他们尽可能地多交流。

从入职开始到烤鸭店实习结束，我专注地学习了几个月英语，等到进入北京饭店实习的时候，自认为英语已经有了不小的进步，日常用语不敢说有多好，但还是可以连说带比画地应付外国客人了。我们所实习的北京饭店中楼餐厅主要负责国际会议，人员来自世界各地，有些人从英语国家来，但更多的访客是从非英语国家来的。这就出现了一个很有意思的现象，我与不是英语为母语国家来的人交流得更流畅，因为毕竟我们彼此之间沟通都在用外语，所使用的英语词汇差不多。我记得一个南斯拉夫代表团的代表特喜欢和我聊天，他在北京开了10天会，每次午餐时间来到餐厅，都会找我交流。我猜他应该和我一样，也是在有意练习英语。当他得知我有台录音机之后，很是惊讶，因为他在南斯拉夫的家里没有这个设备，毕竟南斯拉夫属于比较贫穷、落后的第三世界。在北京的最后一天，南斯拉夫代表来吃饭的时候，特意送给我一盒英语录音带，这是他从王府井外文书店买的临别礼物。不要以为这个礼物不起眼，在当年录音带8元一盒，等于我当时月工资的四分之一，已经相当珍贵了。这份短暂的异国情谊，令我至今感怀。就这样，在和服务对象的交流中，我的英语渐渐有了用武之地，学习的兴趣越来越浓厚，可以说，北京饭店是第一个让我的外语学习从书本变为实际应用的地方，令我受益匪浅。

拾玖·亦师亦学友

到了澳大利亚大使官邸，我的工作时间变得更特殊了。因为带我的查师父年岁大了，为了照顾老人家，我就开始了上晚班的节奏。常年中午12点上班，晚上7点下班，如果赶上晚宴那就到半夜了。这样的工作时间，对读夜校、谈恋爱都有影响。不过，我那时候并没有把谈恋爱放在日程表里，总觉得单身正好不用分心，可以集中精力学习英语。邓安佑大使年轻的时候曾在大学任教，原本就是一名大学教授，他的英语发音极为标准，邓玛尼夫人也曾经在中学任教，是一名教欧洲历史的老师。为这样两位老师出身的长辈服务，对我学习英语真是难得的机会。每天和大使夫妇一起工作，我的英语口语迅速提升，说错了马上会被纠正、指导。那些年，邓玛尼夫人在北京外国语大学学习中文，由于认真勤勉，她的中文口语进步也很快。为了相互促进，她和我商定，她的中文课文由我朗读并录制成录音带，同时，我的英文课文由邓玛尼夫人朗读并录制。工作之外，我们俨然是一对学友，相互帮助，相互促进。直到她在北京的最后一年，她建议我们之间一天用英文交流，一天用中文交流，我万分珍惜这个练习的良机，更加努力学习，可以说到最后，我们彼此万分默契，相得益彰。现在回想，当时获得这样优质的语言学习环境，真乃天赐良机，这也是我的运气吧！

作者与邓安佑大使的夫人合影

　　几十年过去了，每每回想起邓安佑大使夫妇，感激之情始终不能忘怀。在澳大利亚大使馆工作期间，邓玛尼夫人和我除了管家职责以内的具体工作交流，她还向我提了许多很好的建议。比如，她建议我在英语语法学习之外，还要多读读欧美历史、地理和人文科学方面的书籍，这样会让我对英语的理解更容易，进而可以用英语思维更深入地与人对话。每次回国，她都会从澳大利亚带回一些适合我阅读、学习的书。

还记得自己刚开始工作的那段时间，对英式管家——这项我自认为是伺候人的差使看得不高，一心想着去坐办公室，当翻译，有时甚至对邓安佑大使夫妇交给我的工作有消极情绪。他们总是耐心地教导和批评指正，邓玛尼夫人教导我的一句话令我至今难忘："小王，你不要看不起这个职业，英式管家在欧洲和我们国家是很体面的。没有接受过专业训练做不了这项工作。你现在从事这个职业，是幸运的，你将受用一辈子。"的确，邓安佑大使夫妇是我职业生涯中遇到的贵人，我现在讲授的西餐礼仪文化课，就得益于他们的教诲，他们是我的良师益友！

贰拾 · 谈笑有鸿儒

　　在澳大利亚大使官邸工作，我不仅得益于身边诸多前辈的教诲，也得益于来使馆做客的学者和官员，我从他们的言谈和交流中受益匪浅。当年的外交部美大司的司长们（"美大司"全称为北美大洋洲司），大都是老百姓从电视上才能看到的大人物。他们常常是大使邀请的重要客人，几乎每个月都会来大使官邸出席工作宴会。我接触的第一位外交部高官就是章文晋副部长。章副部长是资深外交家，曾是周总理的秘书兼翻译；他还是 1971 年基辛格秘密访华时，周总理派往巴基斯坦迎接基辛格的负责人；1978 年邓小平副总理访问美国的重要助手；章文晋副部长经历了无数次重大外交事件。邓安佑大使常常请章副部长来使馆做客，听章副部长用流畅的英语侃侃而谈，讲述一些他曾亲历的往事，我心中肃然起敬。后来继任的韩旭副部长，杨洁篪副司长、华君铎副司长、刘华秋司长个个都是外交精英。刘华秋司长特别喜欢西餐和葡萄酒，他对西餐和葡萄酒的鉴赏水平不一般，每次进门他的第一句话几乎都是"小王，今天吃什么大菜？"刘华秋司长性格外向，风趣幽默，他和我的交流最多。

邓安佑大使夫人曾经请俞启龙老师教授她中文书法，俞老师将自己的课业倾囊传授，赢得了大使夫人的尊敬；同时，在与我交往的过程中，言传身教，对我的影响也很大。俞老师和查师父很熟悉，他们的父辈曾经在一起工作过。查师父和我讲起俞老师的家事时滔滔不绝，言语中充满敬重和欣赏。原来，俞启龙老师的父亲是东交民巷法国府（法国公使馆）的大写（法国公使馆的首席翻译），在外交使团界享有盛誉。俞老师兄弟三人都是上海震旦大学毕业，每人至少掌握两门外语，他的哥哥俞达会七门外语。俞启龙老师多才多艺，不但外语和书法水平高，还是京剧票友，吹拉弹唱无所不能，"文革"前经常参加马连良大师的演出，是马连良大师的司琴。我每次迎来送往，都会与俞老师多聊几句，常常怀着崇敬的心情向俞老师请教。俞老师平易近人，对我这样好学的小辈总是鼓励多多，每一次来使馆，俞老师都要了解一下我的英语学习进展，有时他会让我背诵一段新学的课文，我说错了他会马上纠正，看得出，俞老师对青年一代的殷切期望。和俞老师相处久了，一天他来使馆，手里拿着一卷纸送给我，我打开一看，是俞老师给我写的书法作品"业精于勤"，这是俞老师对我最大的鼓励和鞭策。

贰拾壹·成为"Number one"

时间过得真快，我和查师父工作了1年多，他到了退休年龄。这1年多，在查师父和邓安佑大使夫妇的帮助下，我基本胜任了英式管家的工作。接替查师父的人选找得并不顺利，澳大利亚大使馆英式管家在当年是个美差，工资高、福利好。所以一旦有空缺，少不了竞争者。最初，外交人员服务局派来一位50岁左右，从南京跟随外交使团来京的管家，资深且经验丰富，但不知为什么，大使夫妇和其他工作人员都不太满意。最终由我和一位比我年长两岁的青年人一起负责管家工作。这样一来，我就不用总是上晚班了，终于可以报名英语夜校，离我实现梦想更进了一步。每周3个晚上的夜校学习，虽然辛苦，却也加快了我提高英语水平的步伐。1983年年底，邓安佑大使离任时，我已经完全可以用流利的英语处理工作了。

后来接替邓安佑大使的阿尔高大使家里有五个孩子，他家所有人需要用语言沟通的事，都由我来负责。阿尔高大使夫人是第一次做大使夫人的角色，她对大使级烛光晚宴没有任何经验，餐酒搭配一窍不通，外交礼仪也是来华赴任前临时学习了一些。她常常跟我开玩笑："小王，你见过和服务过很多大人物、重要人物，我没有过这些经历。"接下来的几年我成了她的"拐棍儿"，很多次烛光晚宴，我成了她的场外指导，英式管家的技能完全派上了用场，充当她的英语翻译也没有问题。为第二任大使夫妇服务，终于让我有了"Number one"的感觉，对自己的职业建立了充分的自信与自豪感。整个大使官邸，只有我一个人可以讲双语，不论大事小事，再也没有找过办公室的翻译帮忙。

贰拾贰·三更灯火五更鸡，
正是男儿读书时

回想初入使馆工作那些年，我为读书学习付出了不懈的努力。3年没有谈恋爱，也没有让其他事分散我的专注力。当一个人全身心地投入一件事时，离梦想并不遥远。那些年，我永远重复着"家—使馆—夜校"的路线。回到家中，尽管疲累，但依然坚持复习读书，常常熬至深夜。读书给我带来了无尽的快乐，我感到每一天都离自己的目标近了一点，即将成为一名大使馆翻译的梦想好像就在眼前了……有一年腊月寒冬，我一如既往地苦读至深夜，当抬头望着窗外皎洁的星空时，有感而发，写下了这首至今难忘的七绝《夜读》：

子夜寒冬静无声，

万籁俱寂入梦中。

唯此窗前孤灯照，

灯伴星斗望启明。

贰拾叁·米其林和厨艺大师

　　如今，一位大腕级西餐厨师的工资待遇和社会地位，往往要高于多数普通打工者，甚至高于不少高级白领。的确，培养出一位大师级的烹饪人才不容易。在许多国家，一位星级西厨的收入和艺术家相当。前几年央视热播的电视剧《好先生》中孙红雷扮演的西餐名厨，厨艺高超、收入不菲，颇受人敬仰。现实生活中，我们见过不少厨艺精湛的大师。另外，米其林星级餐厅和星级名厨的评选，也令一些厨艺方面造诣深厚的厨师成为家喻户晓的明星。日本电视剧《东京大饭店》中，各家高级餐馆都以能获得米其林星级为至高荣耀，也足见米其林评价体系对餐厅的影响之深远。从1900年米其林轮胎公司为了促销轮胎，开始为旅行者出版提供吃喝住行信息的旅行手册，到1926年首次评出米其林星级餐厅，再到2016年9月21日米其林在上海首次发布中国的"红宝书"《米其林上海指南2017》，中国的西餐业也开始步入这个评判坐标系。

　　吃饱、吃好、吃情调，时下，人们去餐馆吃饭，不再仅仅止于满足口腹之欲，而是有了更高的追求：品味美食，吃出情调，吃出健康。40多年前，人们的生活水平普遍偏低，不要说去饭馆解馋这种奢侈的行为，就是家中做饭，也是以吃饱为前提。当年，我非常幸运地在澳大利亚驻华大使馆工作，能提前领略西餐的魅力。

贰拾肆·旧时代的流光

　　当年，我主理大使官邸烛光晚宴的时候，非常荣幸地师从那个时代的厨艺大师们，他们烹制的烛光晚宴水平之高，为我平生仅见。这些美食凝聚了他们厨师家族几代人在外交使团的积淀和心血，他们在传承的基础上不断创新，烹饪已经成为他们毕生为之献身的事业。常常有人问我，当年你们大使馆的烛光晚宴与米其林三星餐厅的餐饮比谁更强？我的回答是根本没有可比性。在我看来，那个时代厨艺大师的作品已经上升到艺术的境界，不是商业米其林的"探子们"可以欣赏的。

　　当年我在大使官邸主理烛光晚宴的时候，大厨们将菜肴的完美作为终极追求。为了烹制美食，不惜时间、精力、体力，不计成本，为了让食材烹饪出最卓越的味道，投入全副身心，如同在研究所里搞研究，严谨细密，一丝不苟。更遑论烛光晚宴使用的银器餐具、磨花水晶杯等各色精致的古董器皿，贵族气息浓厚的外交礼仪、就餐氛围，以及与之相匹配的富丽堂皇的宴会大厅……如此种种，都是商业化米其林星级餐厅望尘莫及的。

但遗憾的是，现如今大使官邸的烛光晚宴已经不复从前的荣光。那些身怀绝技的老厨师相继离开，许多家族传承的经典菜肴也已经失传。20世纪八九十年代，年轻人开始把人生的目标定位为上大学，对于技术学习不像前辈那样用心。后来，随着国民生活水平越来越高，人工成本大增。近些年的物价与世界其他国家的差距不断缩小，低成本离我们越来越远。我担任英式管家的那个年代，驻华大使们不惜人工、不计较物价成本，主要是因为当时我国的人工和食材成本都极为低廉，但那个时代已经一去不复返了，烛光晚宴逐渐变得简单节俭了。现在而言，那个时代一道烹制难度极高的古典级大菜"奶油口蘑酿馅虾"不但没人会做了，甚至没人知道烛光晚宴中曾经有过这道经典菜肴。这些年，我在从事西餐文化和厨艺推广的过程中，越来越深刻地感觉到，应该将那些外交使团老厨师们的厨艺技术和厨艺文化传承下去，将他们几近失传的厨艺，以及相关的厨艺故事告诉更多热爱美食的人，这将作为我的使命和责任。

贰拾伍·教会徒弟，饿死师父？

　　我入职外交人员服务局的时候，本来是被安排做厨师的，但为了学好英语，我懵懵懂懂选择了以英式管家为职业。后来经过刻苦攻读，英语会话能力也算小有进步，可以胜任英式管家工作。但令我万万没想到的是，选择在大使官邸做英式管家期间，居然得到了厨艺真传，真可谓无心插柳柳成荫。这件事说来话长，先要从外交使团的厨艺传承模式说起。

　　中国有句俗话"教会徒弟，饿死师父"，外交使团的厨艺传承很好地诠释了这句话的含义。自从清末外交使团进入北京，大使馆的厨师传承几乎都是子承父业，很少外传，而且不同家族之间鲜有交流，技术壁垒十分坚固，一个使馆就像一座山头。当年给大使当厨师收入高且稳定，是惹人羡慕的好工作。1949年前，多数使馆还为大厨和管家提供住房等福利待遇，可以说是包吃包住的铁饭碗。这么好的工作怕被人顶替，确实可以理解。我到大使官邸上班的时候，家族式的继承传统已经消亡。派往使馆的工作人员要通过外交人员服务局的严格审查，师徒关系由组织指派，师徒之间相互没有选择权。这样的师徒关系已经与传统的"口传心授、耳提面命"相去甚远了，师徒关系变成了一种近似竞争关系的存在。师父担心自己的位置被徒弟替代，我就听说过师父因病假或其他原因，被徒弟无情替代而失去工作岗位的事情。所以，师父与徒弟之间的关系变得很微妙，师父对徒弟往往有所保留，不会把自己的独门秘技和盘托出。在教授徒弟时，烹饪过程不会让徒弟完全看懂，尤其是关键操作都很隐蔽。比如，把关键的调味品事先准备好，放在不被人察觉的位置。

我的厨艺师父曾经给我讲过他们家族有关技术保密的趣事。师父的爷爷辈是清末民初第一代使团厨师，那个时代还没有味精类的调味产品，要把汤做得好喝、菜做得好吃，就暗自加点磨成粉的海米。为了不被外人察觉，他们会在袖子里缝个小兜，将这些秘方料藏在里面，做菜的时候神不知鬼不觉地加入汤菜中。为了保住自己的饭碗，防范厨艺泄密，大厨们可以说费尽心思。我很幸运当初没有选择厨师这行，如果我也是被指派给厨艺师父的徒弟，我猜厨艺师父应该不会和我讲保密的故事，也可能会像提防其他徒弟一样提防我。

另外，如果我入职外交人员服务局的时候选择了厨师作为职业，那么也许最好的从业选择，就是到一个普通外交官家做点家常便饭，很难有参与制作大使馆顶级烛光晚宴的机会。因为当年外交人员服务局的厨师职位十分抢手，竞争激烈，近2000个厨师中，只有100多人可以到大使官邸做厨师，真正水平高、格调高的大使官邸也不过二十几家，可谓千人竞过独木桥。我当年毫无厨艺基础，一定无法被分配到好的大使官邸，别说学习好烹制西餐了，可能大使级的烛光晚宴都不会见到。相反，我选择了英式管家，就意味着与名厨为伍，因为当年只有大使官邸才雇用管家，这笔工资基本是派遣国政府支付。当然，这并不是我深谙其中玄机仔细思考后的选择，而是无意为之的结果，只能说自己当年何其幸运。

其实，管家和厨师相互合作很重要，共同完成一次烛光晚宴，必须配合默契，比如厨师烹饪的很多菜品，其色香味在刚刚制作完成后的短时间内是赏味的最佳时机，有经验的管家会把上菜和宴会的进程衔接安排妥当，让菜品的呈现恰逢其时，为宴会增色。从厨师和管家各自的工作性质来讲，相互之间没有替代的风险，反而相辅相成，是一种合作共赢的关系。这也是我的厨艺师父在厨艺方面对我不设防的根本原因。

做管家还有一项便利条件，每次大使夫妇和厨师制定烛光晚宴菜单时，我作为管家兼翻译必须参与其中，对于一些烹饪技术也会商谈讨论，制定好菜单后我还要和大使夫人一起到酒窖选出配餐的葡萄酒。在这样的讨论中，厨艺师父也常常把自己家族的一些厨艺绝活拿出来向大使夫妇显摆。比如1986年时任澳大利亚总理霍克访华期间，他行程安排中的一项是到大使官邸举办答谢国宴。这是一次超常规的接待任务，接待政府首脑是我们从业者的荣誉，但为确保万无一失，把国宴做得完美无缺，压力也着实不小。我和大使夫人与厨艺师父光是一起商定菜单就花费了1个多月。大使夫人从总理府要来了总理喜爱的菜单，按照这个菜单，调试了很多款菜肴，每道菜，我和大使夫人都会与厨艺师父一起做几遍，然后品鉴定夺。我在这样的厨艺研究环境下并参与其中，不想学会厨艺都难。

为了迎接霍克总理的来访，厨艺师父把他家族秘传的绝活也拿出来了，这就是前文提到的"奶油口蘑酿馅虾"。这道菜是把单只60~70克重的大对虾，去头、剥掉虾皮后用松肉锤敲打成虾泥，再把奶油口蘑馅儿放在虾泥上包裹起来，然后蘸上面包屑炸脆，出油锅后像个大水滴的形状，放在餐盘中用鱼刀叉切开，里面的奶油馅儿缓缓流出，口感外焦里嫩，味道鲜美。厨艺师父第一次制作这道菜，看着他手中的食材从一堆虾泥，变成焦黄鲜嫩、香气扑鼻的美味，我由衷感慨，这哪里是一道菜，明明是一件工艺品！这道菜太考验厨师的各项功夫了。当我把炸大虾放入口中的那一刻，我对厨艺师父佩服得五体投地。厨艺师父看着我失态的吃相，自豪地微笑，告诉我："这是我爷爷那辈儿人的看家菜，今天你看到了制作过程，可以说非常幸运。这道菜，祖训不让外传，你今天吃了这道菜，算是真正吃过西餐了。"是呀！厨艺师父把这道菜上升到吃没吃过西餐的高度，可见他对家族厨艺传承的自豪。我真正爱上西餐是从这一刻开始，从这道菜开始。就像明朝旅行家黄习远游黄山看到始信峰后留下的名句：
"妙不可言，说也弗信；岂有此理，到者方知。"是呀，这道师父
家传的"奶油口蘑酿馅虾"说也弗信，吃者方知！

奶油口蘑酿馅虾

在大使官邸从事管家工作，还有不少得天独厚的学习优势。
每次制作烛光晚宴，一般由我们两三个人完成，大型宴会则会请
口碑厨师临时帮厨。作为管家，从食材选购、烹制，到配酒，每
个环节我都参与，充分了解每个步骤的细节。偶尔大使夫人也会
介入菜品烹制，演示厨艺。西方人都知道"祖母厨房"，不少大
使夫人从小就受到祖母厨艺的熏陶，大都是家族厨艺的传承者，
她们在自己的国家是厨房主力，更是厨艺高手。大使夫人们的厨
艺展示，大到西餐主菜，小到平时清洗葡萄干的小技巧，往往各
具特色，各有所长。而且，驻华外交使团的大使夫人们会定期组
织厨艺展示会，一般这样的厨艺展示会，就是她们的厨艺大PK，

都是做她们自己本国的特色菜，而且常常伴随慈善事业的开展，基本上是介绍菜谱和烹制要领。我作为帮手，自然耳濡目染，学得了不少家族拿手菜的正宗配方。比如，我在美食课上教授的西班牙烘蛋就是大使夫人亲自教授过的，这应该也是一种传承吧。

这些厨艺与现代商业化西餐厅厨师的厨艺差异很大。商业化餐厅每人的工作岗位相对固定，做主菜、配菜、甜点的厨师各司其职，而侍酒师也不会管厨房的事……几年下来，每个人都很难全面掌握一次烛光晚宴的全部流程。大使官邸的工作状况则需要管家成为多面手，尤其是管家帮厨，更是家常便饭。因为一个鸡尾酒会或冷餐会，要制作大量的美食。就像我在美食课堂上教授的春卷，就是帮厨时的成果，最难的春卷皮的制作，是当年厨艺师父手把手教会我的。犹记当年我赶鸭子上架，作为支援大厨的帮手，边干边学，倒也进步很快。近8年的大使官邸工作，我不但熟练掌握了英语会话，还得到了厨艺师父的真传，可谓意外之喜。

贰拾陆·博采众长

　　在大使官邸举办大型宴会和酒会的时候，就需要临时组建一支后厨团队。这个时候，我都要从国际俱乐部餐厅或北京饭店找一些厨师或服务生帮忙。说实话，这些人的业务水平是无法和大使官邸的管家和厨师相比的。这个时候，如果请到与大使官邸厨师、管家同级别的厨师、管家来协助宴会准备活动，那是再合适不过了。其实，在"文革"之前，这样的帮厨模式一直存在。但"文革"时期的外事纪律比较严格，某个大使官邸的从业者不允许随便到别的使馆帮厨。20世纪80年代初，启动改革开放，外交人员服务局的外事纪律也有所松动。我们这些大使官邸的厨师和管家们，悄悄地恢复了之前的做法，成立了一支松散的互助小团队。法国、意大利、西班牙、瑞典、澳大利亚、智利、马来西亚等三里屯使馆区的大使官邸从业者，相互协助，只要有宴会需求，就彼此招呼，只要时间上调整得开，就可以到有需求的官邸帮忙。这个做法，既解决了大家的燃眉之急，也令自己增加了收入，是两全其美的好事。而且，各个使馆的大使夫妇，都非常欢迎我们这支小团队。因为每个成员都是官邸的厨艺精英和资深管家，到哪里帮厨都得心应手，这样的团队实力不可谓不强劲。让我感到欣喜的是，一下子能见识到这么多大使馆官邸级的厨艺高手、资深管家，既开阔了眼界又学得了不少国家的厨艺和礼仪。

最让我难忘的一件事，是当时的法国大使夫人不允许摆手打招呼。记得那是第一次去法国大使官邸协助做烛光晚宴，我看到大使夫人从楼道的远处走过来，就摆手致意。没想到她径直走过来，询问法国大使管家王先生："他是哪个使馆的？"王先生告诉她我来自澳大利亚驻华大使官邸。她又和王先生嘀咕了几句，他们讲的是法语，我没听懂，但从大使夫人的表情上能感觉到是在说与我有关的事。她走后，王先生告诉我，大使夫人认为我摆手致意不礼貌。在欧洲其他国家以及澳大利亚和美国，摆手打招呼无可厚非，但在这位法国大使夫人看来，这个举动有些莫名其妙。经过这件事，我立刻警醒，要时刻注意观察不同国家的习俗、礼节，提醒自己不要在这方面出差错。

在这些顶级人才中，令我印象最深刻的是智利大使官邸的王恩师傅。他是当年使团界首屈一指的厨艺大师，和我的厨艺师父的父辈是同代人，我的厨艺师父对他十分敬仰。王恩师傅本已过了退休年龄，但因为太过优秀，依然被大使留任。王恩师傅平时话不多，总是笑呵呵的。看他做饭，可以说是一种享受。他做的西点刀工精细，造型独特，尤其是法式翻糖栩栩如生。我遇到过不少使馆的大厨，只要一提到王恩师傅，没有不佩服他的。

　　我第一次见到王恩师傅就被他的厨艺惊艳了。1983年，澳大利亚代表团来访，下榻于建国饭店，我们使馆和建国饭店的业务沟通比较多。有一次，我到建国饭店办事，第一次见到了精美绝伦的各色点心，简直就是一件件精雕细琢的艺术品，令我惊叹不已。后来，我去智利使馆帮工，第一眼便在餐桌上看到了和建国饭店一模一样的西点。我当时随便说了一句："智利人真有钱，买这么贵的西点。"王恩师傅回答："哪里是有钱，这些都是我做的。"我听完他的话，惊讶之余，立刻将他视为神一样的存在。不过王恩师傅也有一个与众不同的怪癖，他做的饭菜从来不让我们品尝。我曾怀疑是不是厨艺高高在上的师傅都这样。无论如何，见过王恩师傅亲自掌厨并与他一同完成烛光晚宴，足以令我在厨艺界夸耀一番，而王恩师傅把西餐厨艺提高到了艺术层面，这一点对我的厨艺影响很大。要尊重手中的食材，还要通过最精心的调配将它们变为艺术品，达到色香味俱全的境界。

　　那些年，法国大使的管家王先生和我最要好。他年长我七八岁，是我们使馆英式管家从业者中法语最好的，我的英语也算小有成绩，所以彼此有些惺惺相惜。我们两人是彼此邀请帮忙最多的搭档。后来，我们俩又几乎同时离开了英式管家岗位，他到了非洲一个讲法语的大使馆做了首席翻译，也算达成了自己的心愿。

　　如今回想，我依然感谢曾经的那支小团队，那些有关美食的经历恍如昨日。在法国大使官邸，我第一次吃到了有20多种法国原产奶酪的奶酪盘；法国大使官邸的毛师傅做的舒芙蕾我至今难忘；意大利使馆大使夫人亲自做的意酱，让我记住了意酱的标准制作方法；西班牙大使夫人烹制的烘蛋，至今留在我的记忆中……令我难忘的美食太多了，令我追忆的能人逸事也太多了……如今，每当我教授舒芙蕾、意大利红酱、西班牙烘蛋……这些美食课程时，仿佛又回到了几十年前的老时光里，再次品尝一道道美食……

西班牙烘蛋

舒芙蕾

贰拾柒·揭开神秘职业的面纱

　　"……楼上边有花园儿，楼里边有游泳池，楼子里站一个英国管家，戴假发，特绅士的那种，业主一进门儿，甭管有事儿没事，都得跟人家说 May I help you sir？（我能为您做点什么吗？）一口地道的英国伦敦腔儿，倍儿有面子……"很多人看到这段台词，都会会心一笑，这是2001年贺岁片《大腕》中，李成儒饰演的疯癫汉的独白。在他的白日梦里，把雇用一位英式管家当成身份的象征，很多人是从这个电影中第一次明确地将英式管家与富贵、有钱人联系在一起的。2013年开始，英剧《唐顿庄园》热播，让中国观众充分认识了贵族们的生活，也令大家对英式管家这一略带神秘感的职业有了更深的了解。

　　富有而尊贵成了新贵们追求的方向：拥有财富的同时，还要有典雅的生活方式、卓然的欣赏品位……随之各种西式礼仪培训班纷纷开办。据说，上海有人组织青少年礼仪培训班，把英国皇室的工作人员请来培训，3天的培训价格2.8万元……一时间，英式管家这一职业被捧上了天。作为一个从业几十年的过来人，我认为英式管家和普通职业一样都是生存技能，由于个人素质、从业经历的不同，也一样有优劣之分，而且如今，将英式管家作为概念炒作，急功近利之下，从业人员难免参差不齐。随着社会的发展，尤其是近几年我们国家国力的增强，对从业人员的素质要求也越来越高了。比如，当年我进入这行时，会不会讲外语是重要标志，而如今在北京这项工作的从业者，外语是必须具备的基本条件，多数年轻人在英语语言沟通方面都不再有障碍。

贰拾捌 · 追根溯源

　　中国的英式管家起源于清末的东交民巷，那里曾经是外交使团的聚集地，那里曾经发生过许多轰轰烈烈的历史事件。如今，百年前的使馆老建筑依然完好无损，是北京的别样风景。在使馆工作的初始阶段，我有幸跟随一些即将退休的老一代使馆从业者学习，听他们讲自己的故事，听他们讲父辈、祖父辈在外交使团亲历的故事，听他们讲述东交民巷法国府、英国府、比利时府、荷兰府（当时把大使馆称为"府"）等的传奇人物和故事。

　　老一代外交使团从业者，工资福利很不错，几乎一生只为一家使馆工作，使馆也会把中方雇员当成自家人。首席翻译的工资在使团中是最高的，比中国的普通工薪阶层要高出十几倍，他们在北京是买得起四合院的。就拿法国府首席翻译俞先生的家族来说，在北京是有名的富裕户。俞先生把自己的三个儿子都送到上海震旦大学读书。我初入澳大利亚大使馆不久，在工作中结识了俞家的第三子俞启龙先生，年过50岁的俞启龙先生温文儒雅，颇具绅士风度，让我深深地折服。如果说我在外交使团曾经有位偶像，非俞启龙先生莫属。那个年代No.1（第一管家）的工资也很高，全家还可以住在大使馆内。老师傅们津津乐道的这些有趣历史，我几乎都默默地记在心头。尤其是厨师们为了防止厨艺被偷学，想尽各种招法保密，有的把调味品提前溶入水中，也有事先用纸包了放在兜里，最离奇的是在袖口里面缝个暗兜，需要添加调料的时候甩一下袖子即可。直到如今，那些老故事我依然记忆犹新，这些故事对我从事西餐礼仪文化推广起了重要作用。每当我在美食课堂上讲解中国西餐史，尤其是外交使团曾经的往事时，就有一种传承人的使命感。

外交使团刚刚进入中国的时候，中方雇员多是家族式的工作团队，姻亲关系是那个时代使馆同事的特色。另外，那时候有些工作岗位的称呼和现在有所不同，比如，当年称作"大写"的职位，就是今天大使馆的"首席翻译"，外交人员服务局对这个职位的官称为"首席中文秘书"。英式管家当年叫"Number One"，目前外交人员服务局工种名称叫"招待员"。当年，"英式管家"被认为是资本主义国家"腐朽没落"的叫法。那时谁也不会想到，如今英式管家反而成了略带神秘感，有身份、有地位的象征。

贰拾玖·集各家所长

就我自身的从业经验而言，在大使官邸当管家不容易，做到优秀更难。烛光晚宴服务是个很有技术含量的工作，仅弄懂餐酒搭配这一项，就得花上几年的工夫。如果不了解厨师是怎么烹饪的，对食材也不熟悉，就无法选好宴会配酒。完美的烛光晚宴就是餐与酒的完美组合，精致的菜品因配酒而更显美味，珍藏多年的佳酿在美食的衬托下更让人陶醉，西餐的餐酒搭配是个带有艺术色彩的活儿。我们经常说"白肉配白葡萄酒，红肉配红葡萄酒"，其实也不一定，比如烤猪肉，我就觉得搭配霞多丽白葡萄酒合适，北京烤鸭无可争议地要搭配黑比诺红葡萄酒。邓安佑大使夫妇曾经对我说，服务好烛光晚宴首先要是一位好的侍酒师，同时要懂得西餐烹饪知识，最好是自己会做菜。大使夫妇说得一点儿都不错，我们那个时代，有不少管家最后转做职业厨师。如果我当年不是去使馆签证处做了翻译，没准儿也会做厨师。我曾经学得的烛光晚宴技能，在如今的西餐礼仪教学中有了用武之地。

　　一位优秀的英式管家，除了完成餐饮服务，还要有较高的文化素养。来大使官邸出席活动的多是政府要员或出自名门望族……就像刘禹锡《陋室铭》里所说的"谈笑有鸿儒，往来无白丁"。与这些有家世、有学问的人交流，就需要我在不断提高自身业务能力的同时，提升自己从文化知识到文学艺术各个方面的修养。这样才会在与对方的接触中不露怯、不怯场，才会当得起"英式管家"的称号。

叁拾·过客如流

我在澳大利亚大使官邸工作的那些年，接待过澳大利亚总理霍克、澳大利亚第19任总督考恩、第20任总督斯蒂芬及很多澳大利亚政府的高级官员。当年，澳中关系处于蜜月期。中国政府要员和文化名人来的也不少。几乎中国政府出访澳大利亚的所有团体，都会被大使请来做客，一是礼仪性的欢送，二来是让中方的代表团熟悉一下澳大利亚，这些也是大使馆的职责之一。因此，我也在从业英式管家期间见过不少大人物。

20世纪80年代对于国人来说，到使馆参加活动还是很有吸引力的，除了工作事宜，吃喝也是重要内容。当时，北京的食品供应已经大大地改善，但粮票直到1993年才被取消。从一个侧面反映出当时北京菜品的相对单一和简陋，这就令使馆的西餐美酒惹人羡慕。而且，使馆的西餐不对外开放，就更添了一重神秘感和仪式感。有几位部长是喜爱西餐的美食家，他们或是常到国外出访，或是在海外常驻，没少吃西餐。他们来使馆参加活动时，总要先找我聊几句，偶尔还会点评一下上次宴会菜品及葡萄酒的搭配，或是问问当天的菜品，遇到心仪的菜还会嘱咐我多给他留一些……与这些部长交流也让我学到了很多美食美酒的知识。

叁拾壹・全能大管家

　　我初入使馆服务的第一位大使是澳大利亚第三任驻华大使邓安佑。当时我还是个毛头小伙，无论是语言表达，还是英式管家的专业能力都才刚刚起步，有幸得到邓安佑大使夫妇的耐心教导，才令我得以在这个专业领域小有所成。

　　有种说法是澳大利亚是由罪犯建成的国家。1788 年 1 月 26 日，亚瑟・菲利普船长率领英国舰队远航到达澳大利亚，近 1500 名乘客中有 700 多名罪犯。邓安佑大使夫妇的前辈，正是当年英国政府派驻澳大利亚的官员，负责管理罪犯，属于英国贵族。邓安佑大使父亲这一代，开始弃官从文，在澳大利亚从事教育工作。耳濡目染，邓安佑大使身上也带有浓厚的学者气，对爱学习的人不吝赐教。大使夫妇非常欣赏我的学习态度，不厌其烦地给我讲解、示范英国贵族和外交礼仪知识。从烛光晚宴到鸡尾酒会，从迎宾礼仪规范到座次排位原则，从各种酒的调配到严格的卫生清洁标准。有时候地毯上只不过有一点污渍，大使夫人都会拿刷子给我示范如何清理。水晶杯要清洗、擦到没有一点水渍和手印，看起来晶莹剔透。

记得有一次，我的烛光晚宴让菜服务挨了大使夫人批评。一开始，我还想不通，认为自己做得没有问题。当晚，我把菜盘端到客人面前，客人应该用叉、勺自取食物，但当时，有中国客人不懂这个细节，要求我帮助夹菜，我就顺势而为。大使夫人事后告诉我，按照西方礼仪规范，我的这种行为是不合时宜的。在西餐礼仪中，不允许剩菜的情况出现。盘中所有食物必须吃干净，客人根据自己的食量，吃多少取多少。如果由我来给客人夹菜，则有强迫客人吃饭的意思。我当时心想，原来还有这回事，真是第一次听说，也终于明白大使夫人不是吹毛求疵。类似这样的细节，邓安佑大使夫妇教了我很多。周总理曾经说过，外交无小事。外交礼仪繁复且讲究，当年我在大使官邸工作时接触的外交礼仪，比《唐顿庄园》里展现的情景有过之而无不及。大使夫妇硬是把我从愣头小伙儿打磨成了一名可以胜任英式管家的从业者，其中，有我自己的努力，更有他们言传身教的耐心帮助。

在大使官邸做管家，涉及的事真不少。随着我的英语水平不断提高，工作内容也越来越广泛，原本很多需要办公室秘书过来帮助翻译的事也转到了我头上。我服务的第二任大使夫妇有五个孩子，第三任有两个儿子，当年我20岁出头，正是爱玩儿爱热闹的年纪，和大使的孩子们打成一片顺理成章。陪他们在使馆的网球场打球，让我成了会打网球的网球迷；在乒乓球室教他们打乒乓球，也让我的球技更进一步；陪他们出门当导游、当翻译，也顺道领略大好风光；带着他们参加学校的一些英语交流活动，更是受益匪浅……总之，我管的事越多，我的能力提升得越快。

为第二任大使阿尔高工作期间，我还充当了大使的专职摄影师。入职外交人员服务局后，除了刻苦学习英语和深入了解英式管家的工作，业余时间，因为个人爱好，我还学习了摄影技术。没想到第二任大使阿尔高也是个摄影发烧友，他的摄影器材在当时堪称一流。有一次，大使临时有个小活动需要拍几张照片，他把相机给我让我协助拍摄。几天后，他拿着冲印出来的照片来找我，颇为惊讶地问："小王，你学过摄影吗？"我谦虚地表示学过一点。作为半专业人士，他对我的摄影技术倍加赞赏。此后，在他的任期内，使馆全部和摄影有关的工作，都交由我来负责。如果当时我的管家工作和摄影工作相冲突，就临时雇人代做管家工作。就这样，使馆一些比较大型的外交活动，类似原本该请新华社摄影记者拍摄的工作，大使也交由我代劳，这是对我摄影技术的充分肯定和信任。至今，这些由我拍摄的照片，还有许多留存在澳大利亚外交部档案部门。

叁拾贰·从管家到签证官

　　回想当年我从事管家的8年中，我服务的第三任大使邰若素的身份最特别，他是澳大利亚总理的首席经济顾问，澳大利亚乃至全世界知名的经济学家。46岁的邰若素大使身材高大、面容俊朗，总是和颜悦色、风度翩翩。他的夫人是巴布亚新几内亚酋长的女儿。为他们工作的那段日子堪称幸福时光。除了本职工作主理烛光晚宴，我做得最多的是给大使夫人当翻译，无论外出办事还是在官邸办公，全由我来包办，我的英语能力得到了进一步的提高。

　　邰若素大使夫妇还为我做了一件改变我人生轨迹的大事，他们无意中知晓，我未来的工作愿景是到使馆办公室当翻译。在他们眼中，英式管家要比在办公室当个普通翻译强很多，为此，大使夫妇专门找我了解情况。我向他们解释了中国这两种职业的现状和发展前景，并再次表达了希望成为翻译的愿望。没想到，第二天，大使回来吃午饭时便对我说："小王，人事官布鲁斯先生

作者（右一）与鄗若素大使

同意了你的申请，他安排你明天开始到办公室实习2周。"

于是，我在澳大利亚大使馆留学生签证处顺利完成实习后，仅仅经过一段使馆调整工作流程，就幸运地被调整到了澳大利亚驻华大使馆留学生签证处。在当年，这是无数人梦寐以求的金领岗位。8年的英式管家职业生涯就这样结束了，但它对我的影响极其深远，在我后来的工作中，不论身处什么岗位，从事英式管家时所积累的经验和见识，都给我的工作带来了极大的帮助。

作者（后排左二）与鄗若素大使一家

叁拾叁 · 初识美酒

　　酒，有人赞美它是神之水滴，是灵魂的天使；也有人说它是穿肠毒药，万恶之源。酒给我们的生活带来的幸福感是其他事物无法替代的，因酒而起的悲剧也时有发生。不论褒贬，酒仍是我们生活中不可或缺的饮品。

　　我家祖辈没人饮酒，父亲平时滴酒不沾，平时家中也不存酒，只在过年之前备一点酒，亲戚们到访时助助兴，大家举杯共饮意思意思。童年时感觉酒很贵，一瓶红星二锅头要1.7元，差一点的也要1元左右，一瓶红星二锅头的钱相当于一个五口之家一天的伙食费。我从小就对饮酒没什么好感，主要因为我家邻居是个酒鬼，那位叔叔不仅嗜酒如命，而且喝点酒就闹酒疯，整天闹得家人和邻里鸡犬不宁。因为酗酒，他把家里赖以生存的生活费糟蹋了不少，家里人常常因此没钱买粮。看着他家孩子因此挨饿，童年的我深深觉得酒这个东西是既难喝又费钱的坏东西。

一个街坊家里的小人书（连环画）特别多，院子里的孩子们都愿意到他家去看书。我上学识字后在他家看过不少小人书，其中很多关于酒的情节让我记忆犹新。《三国演义》最抢手，"温酒斩华雄"看得我热血沸腾；"青梅煮酒论英雄"让我感受到了曹操和刘备的诡诈；《水浒传》里"三碗不过岗"武松打虎的故事，让我对英雄非常崇拜……后来读唐诗宋词，李白《将进酒》的豪迈，苏轼"明月几时有？把酒问青天"的洒脱，都让我对酒产生了些好感。

　　真正让我对酒产生憧憬的是外国电影。那些年也没什么娱乐，看电影是比较大的享受。公映的影片就那几部，《地道战》《地雷战》《南征北战》《平原游击队》，估计我的同龄人每人至少看过五六遍。偶尔也有些其他国家如朝鲜、越南、阿尔巴尼亚的电影。"文革"后期，我在东四电影院看了《魂断蓝桥》《巴顿将军》《音乐之声》《大西洋往事》，影片中有不少关于酒的镜头。《大西洋往事》里关于鸡尾酒的描述就特别多，贩运私酒的情节更是扣人心弦。最让我难忘的是一部电影中法国国王路易十五在凡尔赛宫的花园举办鸡尾酒会的故事。影片中仆人们的穿着华丽考究，手里端着一只大银盘，盘中装满了各式各样的鸡尾酒，有的杯子里还不断冒着泡泡。琳琅满目的鸡尾酒在阳光的照耀下色彩斑斓、十分迷人，这就是皇家宫廷酒会。这样的场景对于当时的我来说，极为震撼，美酒佳酿似乎代表了一种富足安乐的生活方式，看着电影中的场景，我对影片中主人公的生活向往不已。

叁拾肆·因工作而"豪饮"

　　时间来到1980年，这一年的春节前，我们这些新进入外交人员服务局的员工，已经被分配了各自的工种。在我选择做英式管家的时候，脑海里往往浮现电影中法国宫廷花园酒会的情景，想象着那些鲜花美酒，对即将展开的工作满怀憧憬。

　　后来，我在大使官邸从事管家工作，主理过花园鸡尾酒会，尽管没有法国皇宫酒会那么"高大上"，但当年在北京地区也是颇负盛名的酒会。因为从事英式管家工作，我也算实现了所向往的影片中的生活。1980年10月初，我到澳大利亚驻华大使官邸上班，入职第一天，大使夫人带我进入酒窖，当时，我并没有意识到，从那一刻开始，我就和美酒结下了一生的缘分。大使夫人知道我没有接触过葡萄酒，于是为我详细讲解。她指着那些横放的酒瓶对我说，葡萄酒要横着存放，这样酒才不会坏。她又拿起两瓶酒让我看瓶塞，一瓶是铅皮包裹的封口，另一瓶是金属的螺旋盖。她特别强调金属螺旋盖的酒可以直立存放，并说这个金属盖是他们国家发明的。来到酒窖的另一个区域，她指着一些奇形怪状的瓶子说："这些都是烈酒，有餐前喝的，有餐后喝的，还有一些是调制鸡尾酒用的基酒。你要尽快熟悉这些酒，否则将无法胜任你的工作。"大使夫人用1个多小时的时间介绍酒窖，我听完以后，头都大了。看着琳琅满目的各式洋酒，心中万分担忧，我什么时候才能全弄明白。这便是我人生第一节令我愁烦不已的美酒课，地点在澳大利亚驻华大使官邸，讲师是澳大利亚驻华大使夫人，这年我刚满21岁。

作为主理烛光晚宴及酒会事宜的英式管家，掌握酒水饮料的搭配和调制是第一工作技能。不但各种酒的名字、酒精度及饮用方法要记牢，还要尽量多地了解西餐的饮酒文化。西方与东方在餐饮上的最大不同，就是西餐重喝轻吃，中餐重吃轻喝。中餐饮酒大都在餐桌上，除了少量黄酒多数以烈性蒸馏酒搭配菜来喝，其他时候鲜有喝酒的场合。西餐饮酒多种多样，可以宴会佐餐饮酒，可以冷餐会自选配酒，也可以选择餐前酒或餐后酒。西餐与中餐最大的不同就是有各种酒会，在多数欧美国家，餐饮聚会的目的以社交为主，鸡尾酒会恰恰是最适合社交的餐饮方式之一。西餐酒会提供的酒水饮料品类繁多，从无酒精的饮料如可乐、苏打水、汤力水……到调制的含低度酒精的鸡尾酒，像可乐兑白兰地、苏打水兑威士忌、杜松子酒（金酒）兑汤力水等。当然，如果来宾喜爱烈性酒，40多度的纯饮威士忌、伏特加抑或朗姆酒尽可随心所欲地饮。

　　现在回想当年，要不是为了谋生，怎么可能记住数量、种类如此繁多的酒。那时候，我对饮酒一点好感也没有，喝一瓶啤酒就晕了。可是作为从业者，我必须知晓每种酒的特点，不品尝是不行的。从身体素质来说，有一部分人天生有酒量，还有一部分人的酒量是后天练出来的，我就属于后一种。从业3年以后，我啤酒可以喝到五瓶，葡萄酒两瓶微醺，已经算有些酒量了，但锻炼酒量的过程中也发生过不少糗事。喝葡萄酒的人都知道，麝香或琼瑶浆酿制的气泡酒像汽水一样好喝，喝的时候基本感觉不到里面含有酒精，但实际上它的酒精度数并不低，这种酒最有迷惑性，喝多了，照样令人醉倒，说不定醉得更厉害。一次，使馆的花园酒会正在进行，因为天热口渴，我见气泡酒非常爽口，跟汽水的口感很像，就喝了一杯，谁知没过多久，酒劲上来了，什么也干不了，晕晕乎乎回到休息室躺倒了。这是我第一次，也是唯一一次因酒耽误工作。经历了这次工作"事故"后，我给自己定下规矩：只要工作没完成，绝对不碰一滴酒。这规矩我一直保持到了今天。

叁拾伍·与酒为伴

　　20世纪80年代，澳大利亚驻华大使馆的接待活动中，除了接待中国政府官员和澳大利亚来华访问团，最多的是驻华大使间的交流，有些是因为国家公事，有些是大使夫妇的私人活动。我们作为服务人员对很多他国使馆的大使夫妇很熟悉。一般情况下，要亲自询问过客人想喝哪款迎宾酒后，再回备餐室取酒。对于一些我们熟悉的大使夫妇，则不需询问，直接把酒倒好送到他们面前即可，这样的服务会让大使夫妇们觉得很贴心，也被视为对他们的重视，算是一种外交礼节。当年，美国驻华大使伍德科克，无论到哪个使馆都喝马提尼，所以我们一看到他的座驾，就马上准备一杯马提尼。马提尼酒是不能提前调制的，它的时效性很强，白味美思和金酒三比一混合，把碎冰放在酒的表层。有人认为，马提尼源自美国西部牛仔，是典型的美国鸡尾酒，而伍德科克爱喝马提尼酒也成了北京外交使团尽人皆知的事。

真正培养和提高我侍酒能力的工作是主理大使的烛光晚宴。每一次确定宴会菜单后，都要根据菜品搭配一款合适的葡萄酒。这样的选酒能力非一日之功，在我服务的三任大使中，具备这项能力的只有邓安佑大使夫妇，也是他们的悉心教导，让我得以胜任侍酒师的工作。很多美食美酒爱好者都知道白肉配白葡萄酒，红肉配红葡萄酒，但真正做好餐酒搭配远非这么简单。白葡萄酒常见的品类有七八种，从随处可见的霞多丽、长相思、雷司令，到一些常人并不太熟悉的麝香、琼瑶浆、白诗南等，这些白葡萄酒每一款都有独特的香气、酒精度、甜度和酸度。一道上品的牡蛎，搭配长相思或酸度高点的霞多丽，可以是一次美食美酒的享受；相反，如果搭配了酒精度低、酸度低的麝香，牡蛎的腥气可能会被放大，酒也变得难喝了。1980年至1984年这段时间，是我学习葡萄酒的黄金时期，此时澳大利亚酒在世界声名鹊起，在英国葡萄酒市场的推崇下，很快被世界葡萄酒界认可。澳大利亚驻华大使邓安佑夫妇，不遗余力地将我培养成合格的澳大利亚葡萄酒侍酒师。20世纪80年代，国人也开始逐步认识和喜爱葡萄酒。当今，中国的侍酒师和葡萄酒专家越来越多地被世界葡萄酒界认可，作为从业者中的一员，我颇感自豪。回想起来，我是如此幸运，在合适的时间，恰当的地点，被专业人士引进葡萄酒世界。

　　在主理烛光晚宴的几年中，我遇到过不少懂酒的客人，他们关注每一道菜的餐酒搭配，并对此发表意见。有时候，一瓶出色的葡萄酒会成为宴会的主要话题，从他们的交谈中我也能学到一些与酒有关的知识。澳大利亚驻华外交官中也不乏葡萄酒专家，甚至有的外交官家中就有酒庄。每次宴请活动前，他们都会来看看我准备的酒。有时，他们看到自己家乡的酒，还会很自豪地向我介绍家乡的风土特点，并真诚地说："你作为大使官邸的侍酒师应该去产区看看。"

　　到产区看看？当时我对葡萄酒产区考察一无所知，感觉他们说的葡萄酒产区和酒庄很遥远，自己亲临澳大利亚考察更是天方夜谭，也不理解产区考察对学习葡萄酒有多重要。当年我觉得谈论考察葡萄酒产区像是在说梦话，没想到，1996年还真的梦想成真。我如愿来到了澳大利亚，并考察了猎人谷产区。到了产区才体会到什么叫身临其境，葡萄生长的风土环境决定了葡萄酒的品质，俗话说"葡萄酒是七分种植，三分酿造"。没有好的种植环境是做不出美酒的，中国有句话"橘生淮南则为橘，生于淮北则为枳"。由此可以体会葡萄种植环境有多重要。当年，陆克文先生在使馆做一等秘书，我们聊过不少关于葡萄酒和中西美食的事，他就是后来出任澳大利亚总理的那位陆克文先生。另一位一等秘书芮格睿先生，若干年后又来华担任大使。前两年，我在北京的澳大利亚葡萄酒进口展会上见到了芮格睿大使。原来，他退休后也进了葡萄酒行业，为一家西澳酒庄代言，酒庄的主要出口市场在中国，所以他不间断地往返于澳大利亚和中国，是当之无愧的中国人民的老朋友。

叁拾陆·杯酒人生

　　1983年的某一天，大使夫人让我协助使馆商务处搞个酒会，当我按程序开始准备酒杯和餐盘时，大使夫人却叫停了准备工作。她告诉我这个酒会很特殊，和以前经常做的酒会不一样，让我只管配合他们就好。原来，这次要办的是澳大利亚葡萄酒进口商的产品推荐会。20世纪80年代初，中国市场开放了葡萄酒进口，各国找准商机进入中国市场，使馆商务处也组织了一些澳大利亚酒商来中国推销。这样的品酒会在北京绝对是头一遭。这次活动中，我第一次知道品酒会上有"吐酒"这个程序。因为会上品尝的葡萄酒量比较大，即使每款只尝一口也容易喝醉，所以，品鉴过程中酒是只尝不咽的。看着几十款价格不菲的美酒都被吐掉，我当时心疼得不行。当然，随着后来品鉴会的增多，我对"吐酒"也习以为常了。这次来参加品酒会的中方人士，英文都不太好，那天我多数时间是为酒庄当翻译。几家酒庄非常满意我的翻译工作，酒会后都馈赠了他们酒庄产的酒给我。第二天，大使夫人专门找到我，特意转达酒庄的谢意："酒庄的庄主们让我再次转达对你的谢意，他们惊讶你知道那么多葡萄品种的名称，对你的葡萄酒知识大加赞赏。"听了大使夫人的话，我心里美滋滋的，平时因为工作需要而学得的葡萄酒知识，在不经意间派上了用场，被认可又得到了好几瓶美酒的奖励，真是意外之喜。从此，我对葡萄酒的兴趣也更浓了，兴趣是最好的老师，那次在使馆内举办的品酒会，应该算是我学习葡萄酒的里程碑。

澳大利亚人喜爱阳光、海水、花园，在悉尼以及澳大利亚的东海岸，一年四季不结冰，沿岸漂亮的沙滩是大自然的恩赐。外交官们来到四季分明的北京略感不适，寒冷的冬日，他们多是选择回国休假，夏日里则像在他们家乡一般，定期举办烧烤鸡尾酒会，有时在游泳池旁，有时在花园里。几乎每个周末，他们必烧、必烤、必陶醉。周末、节假日欢聚是澳大利亚人的生活方式，还有一点，20世纪80年代的北京没有那么多内容丰富的娱乐项目，北京的生活环境相对枯燥，大使馆之间举办欢乐聚会也是当年的无奈之举。现在，北京城里吃喝玩乐的场所俯拾皆是，内容各种各样，驻华大使馆也就很少举办周末鸡尾酒会了。

当年举办酒会，他们常常邀请我做酒会服务，对于我来说既挣了不菲的服务费（2天的收入等于我的月工资），也乐在其中，最大的收获是学得了澳大利亚户外烧烤的真谛。澳大利亚人的烧烤崇尚食材本身的味道，腌渍的方法多以新鲜蔬菜水果为香料，如洋葱、香芹、青椒、胡萝卜、柠檬、菠萝等。多数的肉品腌渍好后先在铁板上煎一下，然后放在烤肉夹中明火炙烤，这样烤出的肉嫩而多汁。

20世纪80年代的北京食品相对匮乏，不像今天的北京市场应有尽有。使馆需要的吃喝大部分要从海外进口。澳大利亚人的烧烤酒会啤酒是首选。使馆每月运来的集装箱里满是各种新鲜食材和饮品。最常见的福斯特和维多利亚两款啤酒各有千秋：福斯特口感浓重而维多利亚清爽宜人。大包装的盒装葡萄酒上带个小水阀，有点像现在的饮水机，在烧烤会这种人多又轻松的场合，使用起来非常方便。这样的葡萄酒包装和螺旋盖一样，如今已被广泛使用。还有一款鸡尾酒是酒会必备佳酿，也是由我来主导的饮品，浓缩果汁加新鲜水果颗粒，再将新鲜的香草，比如薄荷或者鼠尾草之类切碎，放在一个大玻璃斗里加入冰块和苏打水，搅拌成五颜六色的液体，煞是好看。调配好的香草果汁既可以不加含酒精的饮品作为软饮，也可以加入伏特加、金酒或白朗姆酒等基酒调成鸡尾酒。这款迷人的鸡尾酒如今仍然是我们美食课堂上最受欢迎的饮品。

侍酒师是我一生中最得意的职业。如果说吃是为了肉体，那么喝就是为了灵魂，我也算是"人类灵魂"的工程师吧？

叁拾柒·双喜临门

　　到了1987年，澳大利亚驻华大使馆决定给我提升岗位，同时，我通过了外交人员服务局的员工英语测试，认定我的英语能力可以胜任英语翻译的工作，计划为我更换岗位。尽管在安排具体岗位的关键时刻出了点小插曲，但最终澳大利亚驻华大使委派的新工作——在澳大利亚驻华大使馆领事处管辖下的留学生签证负责发放中国赴澳留学生签证，堪称金领。现如今，中国与世界接轨，一线、二线城市几乎人手一本护照，出国留学、旅游都变得再寻常不过。可在当年，一个人能出国，是非常重大的事件，尤其是去往欧美澳这些发达国家，更是一证难求，过来人都知道当年澳大利亚签证的分量。

　　在这样的背景下，我能到签证处工作，简直就是从蓝领越过白领直接晋升到金领。面临接踵而至的喜讯，不少人都夸我运气好。只有我自己清楚，今天所有的运气与机遇都是人生努力的回报。人生每一样生存技能的获得都不容易，歌词中也唱到"没有人能随随便便成功"（《真心英雄》，李宗盛作词）。我的英语学习之路同样充满艰辛，要不是有坚定的信念和良好的语言学习环境，真不好说我能否学好英语。现在，那段努力拼搏的日子中所有的辛苦都已化成幸福的回忆。

叁拾捌·梦想成真

　　学习英语有时是枯燥的，但我因为目标明确，从开始的刻苦好学变为刻苦乐学，学习英语的心态有了质的变化。我的英语学习同当年很多人一样，是从《许国璋英语》开始的，为了听教学录音带，我动用积蓄，以不菲的价格买了台录音机。后来进入澳大利亚驻华大使官邸工作后，我的学习动力更强了，因为晚上在夜校学习的英语，次日白天的工作中就有可能用到。得天独厚的语言学习环境鞭策我更加努力。邓安佑大使夫人也特别关注我的英语学习，亲自为我选英语教材，亲自为我录制课文朗读带。他们每次从澳大利亚休假回来，都会给我带一些澳大利亚的英语学习书籍。不过那个时期，我偶尔会因为学习的事在工作中走神，甚至流露出对"侍候人的工作"有点不屑，大使夫妇批评过我，也能理解我的心情。在后来的工作中，不论在哪个岗位上，他们的培养和教诲，都令我受益匪浅。遗憾的是，那个年代照相机很少，外事纪律也不允许带相机进入使馆，我没有一张和邓安佑大使夫妇的合影。

邓安佑大使夫妇离任后，对接下来两任大使的服务工作，我都做得颇为顺利，负责管理的事务也多了起来。我还常常被邀请充当他们来北京旅游的澳大利亚亲朋们的导游，陪同他们购物和游览名胜。1987年，郜若素大使委派我协助接待澳大利亚驻缅甸大使，他也是郜若素大使的挚友，那次因公到京。那位驻缅甸大使第一次来北京，对中国的事特别感兴趣，因此，我们之间聊天的内容也非常广泛。

那天，他和我在官邸的客厅里聊起了家常，我向他介绍了家里的一些情况，并告知他我刚刚结婚不久，还没有孩子。大使突然对我说："你的英语这么好，我觉得你可以做更重要的工作。"我说："我也有这样的打算。我想我的孩子不久就会出生，英式管家这工作好像不够体面，我打算孩子出生前调换工作，去大使馆办公室找个职位。"正说到此，郜若素大使走了进来，见我们聊得热闹，也兴致勃勃地加入。驻缅甸大使说："小王正在说打算去使馆办公室找个职位。"郜若素大使亲和地问："是吗，小王？"我没想到驻缅甸大使把我想调动工作的事直接告诉了郜若素大使，顿时非常尴尬，只得回答："我是这样规划未来的，不过，我觉得在您这里工作已经很好了。"我心中有些忐忑。郜若素大使认真地说："小王，我们在北京是短暂的，你心中的愿望最重要。"就这样，关于我工作的话题结束了。

没过几天，郜若素大使夫人把我叫到了她的办公室，专门询问我想换工作岗位的事。看着她严肃的表情，我有点紧张地说："您这的工作挺好，等以后有机会再说吧！""我今天找你来说这件事，就是大使让我和你确认。如果想去办公室，大使马上就通知使馆的人事官给你安排合适的工作。"郜若素大使夫人非常诚恳地表示。

2天后，我果然被安排在学生签证处的岗位实习2周。当我又回到大使官邸时，大使夫妇再一次和我确认我的选择。随后，郜若素大使签署了澳大利亚驻华大使馆给外交人员服务局的照会，通知了服务局对我工作岗位调整的方案，然后让我安心等待合适的岗位。那一刻，我激动的心情至今难忘，期待已久的事竟要梦想成真了，可以说幸福感升到了顶点。

无巧不成书，就在郜若素大使为我调整工作之前不久，外交人员服务局的职工英语培训考核，也在紧锣密鼓地进行着。每一位在使馆工作的员工，都要接受英语口语考试，考官是外交人员服务局的部门经理。由于那一周使馆工作忙，为期7天的考试，我被安排在了最后一天。考官是新到任负责澳大利亚大使馆的部门经理曲文明先生。他是外交人员服务局数一数二的优秀外语干部，曲经理按照规定内容与我交流，我们用英语聊了10分钟，除了考试题目，他又和我聊起了家常。最后他告诉我："今天我不用给你判定成绩了，你的英语水平已经远远超出普通员工的水平，完全可以胜任使馆的翻译，我将写报告给人事部门，给你安排合适的工作。"最后他又补充了一句："你是考试以来我遇到的英语最好的员工。"被领导如此认可，我心里美滋滋的，深感这些年的学习投入非常值得。员工英语考试后，不断传来对我工作安排的小道消息，有人说组织有意把我调到南斯拉夫大使馆，我本人对调换使馆并不感兴趣，还是希望在澳大利亚驻华大使馆内部调整，所以仍安心于自己的本职工作。

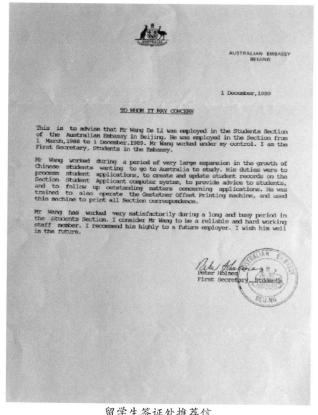

留学生签证处推荐信

1987年8月，在使馆学生处完成实习后，我就开始等待澳大利亚驻华大使馆适合我的工作岗位，没想到这一等就是4个多月。那一年，郜若素大使将在圣诞节前离任，可我的工作岗位还没落实，心里多少有些不安。郜大使看出了我的心思，他坚定地对我说："小王，你工作安排的事情，不会因为我的离任有任何变化。你的事在正常流程中，有了合适的岗位就安排。"果然，次年1月底，使馆人事官布鲁斯先生把我叫到他的办公室，通知我，根据使馆工作需要，决定把我派往曾经实习过的工作岗位——留学生签证处。

叁拾玖·横生枝节

在这漫长的等待中，我设想过自己在使馆可以胜任的工作，留学生签证处当然是首选，但我深知这个岗位的热度，一旦有了空缺，所有等待调动的人必然争相竞争。使馆居然真的把我安排到了这个当时热门的岗位上，可以说令我喜忧参半。喜的是职位可心；忧的是怕美梦成空。果然，麻烦不期而至。外交人员服务局也给这个岗位提供了人选。一般来说，服务局派到"金领"岗位的人都是有点来头的，可我这匹黑马打乱了他们的安排。当使馆的首席翻译电话通知服务局的时候，电话里传来了非常强烈的反对声。恰巧这位首席翻译是临时替班，他对使馆以前的照会内容一无所知，更不明白一次正常的使馆内部调整，为什么会遇到这样强烈的反对。首席翻译为难地看着我不知所措，旁边的布鲁斯先生也不知发生了什么，我接过电话，阐述了自己的情况："使馆给我调整工作的事情，4个月以前已经照会过服务局，这已经是双方同意的事。"对方听了我的话，一时无法回答，只能含糊其词："这个位置我们已经有了人选……好吧，你先去这个岗位吧。"就这样，原本顺理成章的事情变得复杂了。第二天，我怀着忐忑不安的心情，来到留学生签证处上班，没想到留学生签证处的中方负责人第一句话就说："你来这儿是暂时的，就2个星期。"原本就患得患失的心情顿时跌到谷底。后来得知，这位中方负责人也为这个岗位安排了自己的人选。当时，我无限思念鄁若素大使，如果他还在北京，又怎么会横生枝节？我只得无奈地忍着，内心深处仿佛一叶孤舟在海上漂荡，听天由命地等着命运地判决。

我曾经在留学生签证处实习过两周，对办公室的工作上手很快，留学生签证处的澳大利亚老板彼得·福尔摩斯先生对我的工作非常满意。但这2周对我来说很煎熬，外交人员服务局方面没法按正常程序把我撤换，只得私底下找人做我的工作，希望我主动离职让出岗位，并答应给我调到南斯拉夫大使馆当翻译，我毅然决然地拒绝了这个建议。我的回答简单明了："我的工作是澳大利亚驻华大使馆安排的，你们有什么事就找使馆人事官布鲁斯先生说吧。"我坚定的态度打消了他们撤换我的念头。两个星期后，我一如既往地在留学生签证处上班，一切看似归于平静。多年后，我才知道当时的一些细节，原来外交部的人要来这个岗位。外交人员服务局和很多单位一样，在计划经济年代招募的基本上是外交部系统的家属，如我这般在外交部没有任何背景的人员，几乎没可能坐到"金领"的位置上。但也正因为如此，我必须加倍努力做好自己的工作，不断奋勇向前，最终换得了丰富的职业经历。

肆拾・回归平淡的"出国热"

　　20世纪80年代，出国留学慢慢地热了起来，最初的留学途径多是大学毕业生申请到奖学金，进入发达国家的高等学府。只有澳大利亚在1986年年底开放了仅以学习语言为目的的留学项目。这样的入学申请门槛很低，提供总计3万元人民币的学费和生活费即可申请。可是，以当时的收入水平，就拿我们使馆来说，1989年我们使馆工作人员的工资算高薪，年收入在5000元左右。3万元学费差不多等于普通中国人6年的工资，大多数留学生是家里凑钱或借钱去澳大利亚留学。1988年初，我到留学生签证处的时候，每月差不多发放200多份签证，我们三个中国员工有条不紊地工作即可完成。最早的这些到澳大利亚留学的学生，不论是学习效果还是在澳大利亚当地的生活情况传回国内的都是正面消息，澳大利亚政府允许中国留学生打工，每周大约20个小时。有这样的留学政策保障，这些学习语言的留学生在澳大利亚过得很舒服。

边学习边挣钱的生活让他们衣食无忧，还可以攒下不少积蓄。

这些信息很快传回国内，看到了红利，有心人自然蜂拥而至。来使馆办理留学生签证的人数剧增，到了1989年春天，每月的申请人数已增加到了2000人以上。虽然那时电脑办公系统已投入使用，但Windows系统还没普及，大量的工作导致我们开始越来越频繁地加班。留学生签证处只得招兵买马应对这突如其来的变化。我们每天上班神经紧绷，异常劳累，周末加班成了家常便饭。真正的"危机"爆发于1989年6月，原本完成不了的申请受理，又因使馆紧急关闭而耽误了2个月，签证申请者积压到了4万人。如何处理这4万份申请是个头疼的事，使馆因此开了多次会议集思广益，最后决定按一定程序发放2万份签证，另外2万份只能拒签。经过4个多月的加班加点，我们终于把这棘手的问题妥善解决了。

作者（右四）与留学生签证处一等秘书福尔摩斯先生（右一）

从英式管家变成大使馆的雇员，不同的岗位面对的平台差别还是很大的。我在大使官邸做英式管家，历练的是西餐礼仪、厨艺和侍酒师技能，在留学生签证处学习了领事和出入境管理的一些常识，为我后来的国际旅行奠定了很好的基础。当年的使馆签证处对于中国人来说很重要，国门刚刚打开，大家都渴望出国看看。可中国人获得签证的难度非常大，因为当年获得签证后滞留不归的事情时有发生，所以去发达国家的签证审查特别严格。如今，随着国力增强，我们与发达国家的差距也在逐渐减小，获得出国签证变得易如反掌。这不禁让我想起1987年我与澳大利亚驻缅甸大使的对话。当时，他根据自己在境外了解的有关中国的信息，谈了他的看法："中国最近10年发展得很好，尽管你们现在还不够富裕，但你们国家发展经济的决策很正确。20年后中国人民的生活水平会和我们国家差不多，住房、汽车、旅游资源、食品的丰富度都没有问题。"现在看来，大使的预言果然成真了。不知道大使后来有没有再次来到中国，见证他当年的远见呢？

肆拾壹·一锤定音

在澳大利亚驻华大使馆工作的第7年半，我的老板——留学生签证处一等秘书福尔摩斯先生请我们吃告别宴，为每人写了一封推荐信，没多久就离任回国了。

这次戏剧性的变化造成我工作岗位的变动。1990年初，正好有个我觉得合适的岗位——芬兰驻华大使馆行政主管兼大使官邸办公室主任。使馆对这个岗位的要求是有为大使服务的经历。芬兰使馆人员编制比澳大利亚大使馆少很多，但这个北欧国家的人均GDP比澳大利亚还要高。面试地点在塔园外交人员办公楼东十层——芬兰驻华大使馆办公处，面试官是使馆的二把手——芬兰驻华公使。公使先生是典型的芬兰人，身材高大，体魄强壮。公使先生简单介绍了一下招聘的工作岗位，我表示可以胜任这个工作，接下来他便问到我的工作经历，我拿出福尔摩斯先生为我写的推荐信，他低头看了一会儿，自言自语地说："怪不得你英语发音这么好……"接着，他抬起头微笑着说："很好！你就是我们需要的人。我向在芬兰休假的大使打个招呼，你就准备上班吧！"整个面试过程不到5分钟，可以说非常顺利。第二天，芬兰使馆通过外交人员服务局的部门经理转告我，大使非常欢迎我的到来，但报到时间要延后1个月，因为大使预计要在中国的春节后才能回到中国，这对我而言不是问题，我正好想休息1个月。经理讲完芬兰使馆的工作安排后，接着说："小王，你有1个月的空闲时间，世界卫生组织（WHO）驻华代表处需要一个临时助手，正好1个月，你愿不愿意去？薪金不菲。"这事听起来不错，是个难得的机遇，能在联合国所属机构工作历练，还有薪水，我心里挺高兴。

肆拾贰·WHO 临时工

第二天一早，我来到了位于亮马河南侧，与昆仑饭店隔河相望的联合国驻华总部，世界卫生组织的办公处就在这个院落中。一进大门，主楼是联合国开发署，右侧靠西边的就是我上班的二层小楼，一层是个200多平方米的开放办公空间，二层是世界卫生组织代表的住所。一进办公室，最直接的感受就是大家的肤色，有白人、黑人、东南亚人，以及几位中国同胞。过了几天我才知道，除了我自己，所有的工作人员无论肤色和国籍，都属于联合国雇员。我是外交人员服务局派来的打工者，世界卫生组织付给服务局1500元的劳务费，但这些联合国雇员的月薪至少3000美元。我每天的工作是为高级别官员整理会议备忘录，也常帮助联系同中方单位的会谈和相互宴请事宜。

我从澳大利亚驻华大使馆留学生签证处，转到WHO，感觉太轻松了，每天上午茶歇、午餐，没过多久又是下午茶时间……

有时，我会带些自制的西餐和大家分享，或是在下午茶时间为大家调制一些在大使官邸学得的饮品，分享美食是同事间最好的润滑剂，我很快和这里的同事打成一片。充实且快乐的时光总是过得很快，在WHO工作的1个月，增加了我对国际办公室的了解，丰富了工作经历。就在我即将离开的前一天，办公室负责人来到我的办公桌前，问我能不能再干2个月。她恳切地说："小王，你在这里的工作表现很出色，我和全体同事都希望你能留下，我们正在和总部申请一个长期的工作岗位，如果你留下来就有可能成为我们团队的一员。"我谢绝了，因为芬兰大使馆的工作合约已定，更改的余地几乎没有，不过，我真心地感谢WHO机构对我的认可。

肆拾叁·奉献最好的年华

　　过了春节，我如期来到芬兰驻华大使馆上班。芬兰驻华大使馆坐落在光华路30号，对面是英国驻华大使馆。光华路这一片使馆区是20世纪50年代兴建的，俗称第一使馆区。

　　上班第一天，大使把我叫到他的办公室，除了寒暄就是介绍芬兰驻华大使馆的情况：芬兰驻华外交官只有不到20人，我就职的部门属于使馆政务处，囊括签证处、行政处、人事处、总务处、公关处。办公室里算上我只有四位中方雇员和四五个勤杂人员，除了我的本职工作，对其他岗位我也必须熟悉，因为不论哪一位员工休假，其他人员必须兼顾他的工作。另外，除了在北京使馆的日常工作，到其他省市出差也是工作的一部分……聊到最后大使半开玩笑地说："我知道你在澳大利亚驻华大使馆工作了七八年，我们国家和澳大利亚差不多，除了冷点，其他都一样，我们的人均GDP还比澳大利亚高不少，我希望你能在我们使馆干

10年。"我马上寒暄道："感谢大使先生的信任，我想我会在贵馆工作20年。"没想到当时的一句客套话竟一语成真，我这一干，就是25年！要不是为了圆我的一个梦，从事自己的双利西厨美食美酒事业，我决定提前退休，可能会一直干到退休，超过30年。

从30岁到55岁，我把人生最美好的时光留在了芬兰驻华大使馆。这25年，我在使馆的各个岗位上得到了历练，主管过行政、领事签证，主管过公关和芬兰政府访华团的迎来送往，接待过七次芬兰总统访华，也处理过不少棘手的突发事件。芬兰使馆的领导对我的工作赞赏有加，我和我的搭档赫女士被誉为芬兰使馆的左右手。

我在芬兰使馆工作的第6个年头，芬兰使馆破天荒地邀请我出访芬兰，我成为第一位踏上芬兰的中国雇员，这对我而言意义重大，因为这意味着使馆对我工作的充分肯定。

在芬兰使馆工作的这25年，发生的故事真不少，而这25年，也是中国在邓小平同志"南方谈话"后高速发展的25年，还是中国人民生活水平大幅提高，中国融入世界文明、昂首阔步向前的25年！

肆拾肆·得心应手

　　来到一个新的环境，熟悉工作、熟悉新同事对每一个人来说都是要费点心思的，尤其是在有些特殊性的驻华外交机构，因其一部分是本族同胞，另一部分是洋人同事。芬兰使馆人员不算多，但需要熟悉的事情可不少。我刚到芬兰使馆工作的那段时间，隐约感觉到一些中方雇员和芬兰外交官之间的关系有点紧张，中国同事之间的协作也不那么顺畅。当年，芬兰使馆办公处分为两个部分，1986年，由于使馆院落里的办公用房紧张，芬兰使馆租用了塔园外交人员办公楼的一层，使馆本部只留下了一间办公室。到芬兰使馆的第一年，我独自一人在使馆本部的那间办公室办公，主管的是大使和公使官邸，主要负责翻译和这个院落的管理。当年七八个外交官租住了建外外交公寓，我同时兼顾这些公寓的管理事宜。远离是非，专心工作，我感到非常满意。

　　在芬兰使馆的第一年，我在澳大利亚大使馆累积的工作经验让我足以胜任新的岗位，尤其是有过为三任澳大利亚驻华大使服务的经历，让我很容易应对芬兰大使满萨拉先生的工作要求。满萨拉大使常有意让我熟悉使馆办公室其他岗位的工作，在我不忙或者大使休假的时候，他就安排我到塔园使馆办公处工作些日子。种种迹象，令我感觉到满萨拉大使对我的器重。为大使工作的第一年，大使就安排我陪同他到哈尔滨出差，参加中芬两国的官方活动。

有一天，使馆的行政官要我陪她去机场货运处办理提货事宜。一开始，我觉得这是一件很普通的日常工作，并没放在心上。谁知一上车，行政官就对我说："王先生，今天提取的货物是芬兰外交部给我们发过来的芬兰食品，每次我们提货都会费点周折，我希望你为我翻译，或你直接办理的时候注意说话的语气，最好我们今天能顺利取回。"听了这话，我分外诧异，外交货物是免检的，怎么会大费周折？灵机一动，我赶紧给澳大利亚大使馆负责进出口工作的老同事打电话咨询，从他那里获悉了使馆进口食品的管控规定。原来进口食品要滞留几日进行检疫，外交豁免权不包括检疫。但机场检疫官有权决定现场查验检疫后是否放行，他特别强调我的态度要友好和善……

了解到这些信息，我想自己已经明白了其中的要领。果不其然，一切都像澳大利亚大使馆同事说的，我发挥了多年的外交工作经验，通过和检疫官的友好沟通，比较顺利地把这批芬兰使馆外交官们翘首以待的货物及时取回，这件事获得了使馆全体外交官的好感。

　　时间来到1991年春节，我正好在使馆工作满1年。满萨拉大使邀请所有中外员工及家属，到他的官邸出席新年晚会，美酒佳肴烘托了欢乐气氛。大使发表新年致辞，看得出他对使馆这一年的工作很满意，如此一来，晚宴的氛围更加和谐愉悦。大使演讲完毕，径直来到了我太太面前，与我太太亲切交流。我太太不会讲英文，我连忙为两人翻译。大使与我太太的言谈间充满溢美之词："你丈夫的到来使我们使馆的工作顺畅而有效率，他的协调能力很突出……"作为含蓄的中国人，我自己把这些赞扬的话翻译给太太听，令我好不尴尬，好像我在自卖自夸，但满萨拉大使赞赏我的一句话令我至今难忘，大使说："你的丈夫是我见过的中国人中，最懂得外交礼仪的人。"我听到满萨拉大使这样说心里暗自高兴，那一瞬间脑海里闪现出了我服务的第一任澳大利亚驻华大使邓安佑夫妇的教诲，感激他们对我毫无保留的外交礼仪方面的培训。

肆拾伍·半年之约

在芬兰使馆的第一年，面对几乎全新的工作和不同领域的挑战虽然辛苦，但对我工作能力的提升大有裨益，在不断学习、提高中顺利度过了磨合期。春节后的一天，大使找我到客厅谈话，为什么到客厅呢？我心里平添几分忐忑（一般情况下，大使直接到我的办公室交代工作，只有非常正式的事情才会安排在客厅面谈）。大使先生首先问我："王先生，您觉得这一年在我们这里工作如何？有什么不满意或者有什么要求？"我有点吃不准大使的意思，我说："这一年多感觉不错，没有什么要求。"大使说："那好，有个工作安排想和你商量，我和我的同事都认为你对我们很重要，我们希望你来塔园的使馆办公处工作，那里的业务更多，办公处更需要你。"说句实话，我对大使这个要求，一点心理准备都没有，只得回答："感谢您和使馆同事们的信任和厚爱，这件事我没有考虑过，不过我目前没有打算更换办公室。"大使客气地说："我们是为了使使馆工作更有效率，也是为你的前途着想，我们觉得你可以做更重要的工作，这将使你的能力进一步提升。"既然大使这么有诚意，而且把话说到这个份儿上，我便很高兴地表示同意，不过约定半年以后再调整。大使尊重了我的意见，相约半年以后再调整。原本对我非常有利的事情，我却并不急于接受，这其中有深层次的原因。首先，担心同事关系自己是否应付得来。那几年，使馆塔园办公处同事间并不和谐，我在使馆本部虽然相对冷清，但避开了人际纠纷，做起事来反而轻松愉快。再有，也许是在澳大利亚大使馆工作的经历使然，我心里还惦记有机会换个大点的使馆。当时美国驻华大使馆常有招工信息，我觉得以自己的资质，去美国使馆的可能性很大。各种原因令我当时委婉地谢绝了使馆工作调整的建议。

芬兰驻华大使馆院落

6个月很快就到了，既然使馆有了调整岗位的计划，到了约定的时间，大使让他的副手驻华公使，找我正式商谈具体的工作安排。当时，我还想着跳槽到美国驻华大使馆的事，但不好明言，就找了一个看似特别合理的理由。我告诉公使先生，我的孩子就快上幼儿园了，我需要找一个工作时间宽裕，能保证我按时接送孩子的岗位。然而，芬兰使馆的工作时间不合适我做这件事。我满心以为，抛出这个问题足以令公使先生知难而退。没想到，公使先生非常认真，立刻和我计算接送孩子的时间，当即拍板，我每天可以早下班40分钟。这下子把我的退路堵死了。其实，对于常年搞外交工作的大使和公使而言，他们都知道送孩子上幼儿园这个可以摆出来说的理由并不是我拒绝工作的真正原因，他们早已体察到我的小心思。公使又具体说到了使馆将给中方雇员提高待遇的承诺，最后，他的一句话彻底打消了我离开的念头，他说："王先生，你优秀的工作能力我们有目共睹，你卓越的公关协调能力令整个使馆的工作顺畅了很多。大使希望以你为中心调整中方雇员，这个计划已经在半年前的使馆馆务例会上正式讨论过，全体驻华外交官们一致同意这样的调整方案。你是调整方案的核心，如果你要离开，我们的计划将无法实施。"这番话直击我内心深处，让我获得了充分的职业自豪感，同时，又令我深感责任之重大。这次谈话之后，我再也没有理由放弃芬兰使馆的岗位了。

　　自从和公使推心置腹地交流以后，我在使馆负责的事情越来越多，此后的20多年时间，几乎将商务处以外的各项工作做了个遍。也是在与公使谈话不久，使馆迎来了新的同事——赫女士。赫女士年长我七八岁，曾经是部队里的外语干部。她为人正派、精明能干，像个亲戚家的大姐，经过一段时间的工作磨合，芬兰外交官和中方雇员都非常认可赫女士，我也深感与她配合越来越默契。当时，我与赫女士都没想到，我俩居然会作为亲密战友一起工作22年。

赫女士来到芬兰使馆后，我们的工作更加井井有条，中方同事之间团结一心，中外双方合作默契。可以说，使馆的芬兰同事对中方雇员的调整结果感到非常满意，对我们组成的新班子赞誉有加。4年后，也就是1997年，芬兰驻华大使馆破天荒地邀请中方雇员——我和赫女士一同访问了芬兰。这个举动是芬兰使馆建馆以来的第一次，我也成为第一位踏上芬兰领土的中国雇员。

肆拾陆·租房纠纷

　　大使馆作为外交机构肩负着国家的重要使命，外人看来神秘且遥远，但真正置身其中就大不一样了。就我的使馆工作经历来说，有接待外国元首访华和参与一些重大外交活动的重要时刻，也有家长里短的生活琐事，多数时间都是正常工作，维持使馆的正常运作。诸如协助处理交通事故、芬兰在华公民的民事纠纷等都是我的工作范畴。偶有芬兰公民在华出现意外情况，如跳楼自杀，我要去殡仪馆处理后事；酗酒身亡或住院，我要去安抚善后；若是惹是生非进了拘留所，我甚至要到拘留所探监……

　　我在使馆工作的这些年，经历的琐事不少，有些事说起来也有趣。很多故事都和我们国家改革开放、社会进步息息相关。我初入驻华使馆的时候，中外生活水平差距较大。到了2008年北京奥运会的时候，我明显感觉到这种差距越来越小。国力蒸蒸日上，一派国泰民安的景象，从我处理的使馆人员与北京百姓的纠纷可以看出端倪。

　　我刚在使馆工作的时候，外交官的办公或居住用房只能由外交人员服务局提供，一部分是政治原因，主要还是经济因素。那个年代，不仅北京老百姓住房紧张，使馆和外企在华公司用房同样紧缺。随着中国社会不断进步，房屋越盖越多，越盖越好，使馆租住的房屋也不再局限于外交公寓，在使馆区一带出现了大量的民间高端公寓，很多民间公寓的居住环境好于外交公寓。芬兰使馆在2000年前后退掉了所有的外交公寓，由外交官自行选择租用民间的公寓。我曾经经历、处理过几件我们使馆人员租房的事，这些从一个侧面反映出中国的进步、法制的日趋完善和北京的国际化进程。

　　欧美国家房屋租赁有个不成文的规矩：搬入时房屋设备和卫生环境是什么样，退房的时候还是什么样。一般情况都是入住时房屋是干净整洁的，不用租户搬进去前再打扫卫生；搬离的时候，房屋的卫生和设备要保证和入住时一样干净完好（正常损耗除外）。这样约定俗成的标准，也随着中国国际化的进程自然而然地普及到北京高端公寓租赁圈。中国业主将房屋设施配置成国际标准，然而国际租客的素质并不总是有国际水平。一次，我去办理一位离职外交官的退房手续，我和业主一进屋，就被眼前的一幕惊呆了，屋里一片狼藉、脏乱不堪，这样的房屋状况是不能交接的。由于租住房屋的外交官已经离开中国，我马上给使馆行政官打电话汇报情况，不一会儿，我得到使馆的指示，立刻花钱雇人把房屋打扫干净。我找来专业的保洁员，经过几个小时的清扫整理，房屋恢复原貌后才与房主办了交接手续。清理房间的账单直接发给了芬兰外交部，芬兰外交部不但要求这位不负责任的外交官自付这笔费用，还会对他提出批评。

后来再发生类似事件就不会这么简单处理了。使馆的一位外交官是文化专员兼中文翻译，在芬兰驻华大使馆任职近10年，起初居住在外交公寓，房子住成什么样外交人员服务局的物业都不会追究。后来他从外交公寓搬到了CBD一带的高档公寓，住了两三年，不知什么原因要换到附近的另外一个公寓。这次问题来了，这家房主拒绝退还3万元的租住押金，只寄给使馆一封陈述不退还押金理由的信函和一张列明房屋损坏情况的清单。使馆将这个棘手的事交给我处理，希望我能要回押金。面对这种事，我当时没有任何经验，怎么把钱要回来呢？我开始试着找片警，片警回答得很干脆："这不属于治安范畴，这是经济纠纷，你去法院吧。"于是，我又带着使馆的公函去方庄附近的二中院，法院的一位中年法官接待了我，收下了我的申诉材料。过了2天，法官打来电话让我去趟法院。我到了以后，他把所有的材料原样退回，语气坚定地说："芬兰大使馆是外交机构，任何纠纷都要通过外交部解决，你还是去找外交部交涉吧。"外交部西欧司的同志我比较熟悉，因为经常一起接待芬兰政府代表团，工作交集不少，和两三位西欧司的工作人员相处得就像朋友。我直接把电话打到了她们的办公室，和她们讲了事情的经过。西欧司的朋友从未听说过这种事，不过她们答应帮忙在外交部内找找相关部门，看看能否提供帮助。过了几天，西欧司的朋友回话，这样的纠纷属于民间范畴，没有外交豁免保护，外交部无能为力，建议我去法院诉讼。得，又绕回法院了。这样一来二去20多天过去了，使馆的行政官不时地过问事情的进展，我都详细告知。在我们一筹莫展的时候，我想起一位和使馆曾经有过接触的律师，便到他的律师事务所咨询。他倒是有处理这类事的经验。按照他的指导，我把申诉材料提交到了中国国际经济贸易仲裁委员会。仲裁委的人员看来很有经验，也愿意受理我们这起纠纷，但仲裁费是2万2000元，仲裁费肯定是申诉方预付，如果胜诉将把仲裁费原数退回。不管怎么样，终于有人管这件事了。

回到使馆后，我把所有的细节如实汇报给行政官，她对于先行缴纳2万多元也是心存顾虑，如果不能胜诉，3万元的租房押金拿不回来，还要再亏2万多元。顾虑重重的她一时没了主意，表示需要请示一下芬兰外交部。第二天，行政官告诉我，外交部的指示是支付仲裁费，无论如何也要得出个法律结果。接下来的事情看似顺利，不久，仲裁委就通知我把仲裁书取回。仲裁书中逐条说明了纠纷的判决依据，结果是我们可以拿到租房押金的50%，仲裁费双方各付一半，使馆对仲裁结果也算满意。仲裁书是有法律效力的，这次我拿着仲裁书去了法院执行局，希望他们能找房主执行，但他们的几句话又给我上了一课："大使馆是外交机构，享有外交豁免权，法院没有权力办理外交领域的事务。

就像外交官犯了罪，我们没有权力到使馆里执法一样。这个仲裁书要通过外交渠道处理，你们的仲裁书我们无法执行。"至此，这件事几经周折，芬兰使馆无奈地放弃了追款。通过这件事，我学到了不少涉外法律知识，也感受到了中国法治环境的进步。

人们常说不能让同一块石头绊倒两次，同样的错误不能重复犯。处理这次租房纠纷花费了几个月的时间，赔了租房押金又搭进去了仲裁费，以这样无奈的方式收场，本应引起使馆足够的重视，但一年后，同样的事情再次发生了。还是这位外交官，他离任退房的时候，房主再一次拒绝退还押金。使馆有了前车之鉴，这次决定直接找房主协商解决。我陪同行政官一起到了房主的家，女主人看上去精明能干，对人温文尔雅，还为我们准备了茶点咖啡，像是在招待朋友。入座后，原本我是负责翻译的，没想到女主人一开口就是流利的美式英语。原来，她早年移民美国，现在在纽约从事律师工作，这些天正好回北京休假。我们的行政官讲述了要求退还押金的理由，女主人不紧不慢地按照事先写好的破损索赔内容一一陈述，然后起身带着我们一一确认损坏部位，回到谈判桌上又开始计算修复的价格。经她这样一算不但押金不能退，使馆还需要赔偿一部分钱。我们的行政官有点理屈词穷，面色极为尴尬，情急之下竟把大使馆有外交豁免权之类的话搬了出来。女主人听后口气变得严厉起来，她用职业律师的口吻说："Stop！This has nothing to do with diplomacy！（这事和外交没关系！）这是公民素质和教养问题！芬兰素来自诩教育第一，国民素质最高。请问，这件事如果发生在贵国国内，房客要赔偿房主多少钱？驻外外交官代表国家脸面，我是否可以理解为这种租房状态就是贵国国民素质的体现？"我听了女主人的话顿时心生敬意，这才是中国人，这才是中国人应有的底气和智慧。而此刻，坐在对面的行政官已被质问得面红耳赤，无地自容。她也是位很有教养的女士，尽管不太情愿但还是向女主人真诚道歉，并当场保证使馆会对房屋的损坏进行赔偿，如果押金不够再来协商。原本是上门"讨债"的，没想到碰了一鼻子灰。看得出，我们的行政官一分钟也不想多待了，找个时机马上结束了谈判。女主人送我们出门的时候，行政官还在向女主人解释，芬兰的公民素质是很好的，这位外交官一家是个特例，她会以书面形式向外交部陈述此事。我和女主人握手道别的时候，轻声对她说："我真心佩服您！"

肆拾柒·芬兰之行

　　1997年7月下旬，我和赫女士搭乘芬兰航空公司AY052航班，从北京直达芬兰首都赫尔辛基万塔国际机场。芬兰海关边检对持中国护照的旅客审得很严格，审查我护照的芬兰边检小伙儿一脸严肃，他语气不够友好地质问我："你此行的目的是什么？"我也模仿他的态度回答："芬兰外交部请我来的。"他继续追问："你的访问日程表呢？"我也不客气地回答："没有，如果你想知道就问你们的外交部吧！"现在想想，芬兰边检的态度也情有可原，"文革"以后很多年，国人出国不归的事情时有发生，想来芬兰那里也不时有这样的事发生。不过，时至今日，国人出国不归的事，差不多已经绝迹了。

　　1997年，我第一次赴欧旅行就到了芬兰，北欧国家是高福利国家，物价相比南欧高出许多。当时芬兰用的还是芬兰马克，芬兰马克和人民币的比价为1∶1.4。普通土豆15马克1公斤，芬兰小土豆30马克1公斤，中国的土豆1元1公斤。芬兰物价之高可见一斑。

出了海关，芬兰驻华大使馆的芬兰同事安芬妮女士早已在旅客出口迎候我们，她是那次我们芬兰行的主要陪同人。安芬妮女士年方50岁，是芬兰的中国通，《中芬字典》的编纂者。"文革"时期，她作为中芬互派留学生项目的芬方留学生之一，在北京外国语大学学习了中文。毕业后她被芬兰外交部派驻中国，在北京芬兰驻华大使馆任一等秘书，主要从事使馆的翻译事宜。安芬妮女士在中国居住过20多年，国家元首级会谈的翻译工作一般是由安芬妮女士担任的，她在芬兰可以说是家喻户晓的人物。安芬妮女士对中国文化特别了解，对中国人也特别友善，在芬兰驻华大使馆一起工作时我们相处得非常愉快，我们在芬兰的7天旅行中有4天是由安芬妮女士陪同的。和安芬妮女士会面后，她请我们在机场的餐厅吃便餐，按旅行计划，我们直接转机去芬兰旅游胜地，圣诞老人的故乡罗瓦涅米市。在机场等候转机的2个多小时中，安芬妮女士详细地为我们讲解了游芬兰须知。比如，排队必须距离前边的人1米以上，在餐厅吃饭不能与陌生人拼桌，过马路时必须走人行横道，在餐厅吃饭不用付小费，不要与不相识的人打招呼，主动接近你的人多是东欧过来的无业游民……当时，身在异国他乡，安芬妮女士对我们无微不至的关怀，让我们完全忘记了与她的同事关系，仿佛我们是多年故友相逢于异国他乡。

安芬妮女士在赫尔辛基接待作者

　　罗瓦涅米这个不大的小城，纵跨北极圈，有芬兰第二首都之
称，始建于1929年。当年，这里因木材和皮革生意而繁华，第
二次世界大战结束前，为了阻止苏联人的进攻，这个小城被德
国人夷为平地。第二次世界大战后，按照芬兰著名建筑大师阿
尔托（Alvar Aalto）的规划进行重建。这个城市除了是圣诞老人
的家乡，还是冬天的滑雪胜地，每年冬季是这里的旅游旺季，滑
雪、看极光和感受极夜下的芬兰。一年四季风光不同，游人络绎
不绝，这个以旅游业为主的小城，消费水平比芬兰其他地方要高
出不少，尽管离赫尔辛基只有几百公里，但许多芬兰南部的人都
没有来过。在赫尔辛基机场办理登机手续，让我有点诧异，旅客
手持机票像乘坐公交车，没有安检也不需要出示身份证或护照，
从这一点可以看出北欧国家的安静祥和。飞机从赫尔辛基机场起

飞，20多分钟后降落在了一个我说不上名称来的小城。原来芬兰人口少，每个国内航班就像公交车停靠站一样上下旅客。2个小时后，我们的飞机在罗瓦涅米的小机场降落，在机场外等候我们的是安芬妮女士的私人朋友安娜女士，年龄与安芬妮女士相仿。她是我们接下来3天的司机兼导游。作为当地人，她带着我们游览了罗瓦涅米的名胜，去了很多普通游客不容易到达的旅游地点，她还邀请我们到她家的湖边别墅住了两晚。

来到罗瓦涅米，是我第一次进入北极圈。第一晚，安芬妮女士将我们安排在了滑雪胜地的一家山顶宾馆。窗外漂亮的北极森林望不到头，白天太阳看起来不像北京的那样耀眼，夜晚的黑暗也不像北京那样漆黑。当时的季节接近极昼，夜晚的时长也就两三个小时。在公路上开车，隔不了多远就可以看到巨大的数字温度计，白天22℃，夜晚18℃，昼夜温差极小。第一天，安娜女士带着我们首先来到打卡胜地圣诞老人村，与"圣诞老人"合影、从北极邮局寄出明信片是游客必做的旅游项目。圣诞老人村的午餐极具拉普兰土著特色，麋鹿肉、冷酸鱼、小土豆以及北欧特有的野生蓝莓浆果制作的美味甜点，真是一顿难忘的北极圈特色美食。午餐后，我们来到市中心，参观北极圈博物馆。那里让我大开眼界，大西洋暖流穿过北海渔场，沿着挪威海岸进入北冰洋的巴伦支海峡，北冰洋唯一全年不冻的水域就在那里。罗瓦涅米这个小城真不大，市区也就相当于北京的CBD，几座大的建筑包括市政厅都相距不远，我们从博物馆出来，还看到一对有情人在市政厅举办芬兰婚礼，婚车后面用绳子系了两只鞋子，海外旅行见识到异域风情的婚礼也是别样的收获。

晚餐前，安娜带着我们到大卖场采购，她要亲自在湖边别墅为我们做一顿大餐。我们都知道芬兰是个千湖之国，每家除了城里有住房，在湖畔拥有一座小木屋（Summer cottage）是芬兰家庭的标配。从城里的大卖场驱车20多分钟，我们来到了安娜家的小木屋。说是小木屋，看起来规模不算小。起居室和餐厅在一起，一间看上去有四五十平方米的房子，一个卧室30平方米左右，有六七张床位，其中两个是上下铺。这个木屋是由安娜的爷爷在1943年建造，安娜的爷爷是个工厂主，当年盖这个湖边木屋的目的主要是供员工休闲时使用。我当时忍不住想：这些员工的福利待遇还不错。

在芬兰，多数湖边别墅是没有电力供应的，夜晚照明要靠蜡烛。芬兰的湖边别墅星罗棋布，如果没有足够多的住户，政府不会提供电缆。这里唯一的能源就是煤气罐，正因为如此，我第一次见识到了煤气驱动的冰箱。到达别墅后大家各司其职，我的任务是到百米开外的泉眼取水，这是几家别墅共用的饮用水，洗漱直接用湖水即可。主人烹制的北极圈晚宴味道鲜美，当地湖里的一种冷水鱼特别好吃，芬兰的全麦面包世界闻名，即使只有我一位男士喝酒，安娜女士还是为我准备了芬兰伏特加、当地的啤酒和北极圈特有的浆果酒。饭后，安娜女士特地拿出当地产的奶酪搭配这款浆果酒，她说这是本地人最喜欢的餐后酒组合。晚宴后安娜带着我们把桑拿浴室的炉子点燃，这是一个较为原始的桑拿房，炉子使用的燃料来自附近森林的枯木，一炉劈柴要燃烧近1个小时才能把石头烧烫。洗桑拿的时候，我最突出的感觉是木烟熏的香气，清香怡人。在湖边洗桑拿最有趣的一点就是当身体炽热后跳入冰凉的湖中游泳，然后再回到桑拿房里把身体蒸热，这就是"原汁原味"的芬兰浴，用两个字形容就是"真爽"！

洗完桑拿，已经接近晚上10点了，主人看大家没有困意，就把大家召集在阳台上喝酒、品茶、看日落。北极圈深夜的太阳给人一种日不落的感觉，我随口唱起了《草原升起了不落的太阳》，没想到安芬妮女士和我一起唱了起来，原来安芬妮女士在北京留学的时候学会了好几首流行歌曲，革命样板戏她也会唱几曲。这首歌我唱了很多年，直到那一晚真正亲历了"不落"的太阳时，心中感慨万千。

第二天一大早醒来，在湖边散步，在朦胧的晨雾中，几只大天鹅徐徐向我们游来，一点不怯懦、不认生，离我们很近的时候，它们排列得整齐划一，好像是仪仗队搞的欢迎仪式……我们仿佛置身于柴可夫斯基的芭蕾舞剧《天鹅湖》中，难道当年柴可夫斯基就是按照这样的景色创作了《天鹅湖》？那一刻，我仿佛融化在了这美丽的大自然里。

吃过早餐，安娜女士带我们驱车近2个小时，游览当年罗瓦涅米起家的木材生产基地，凯米河谷的上游，那里依然保持着当年伐木场的原始风貌。当年砍伐的木材就是顺着这条河，通过水运到罗瓦涅米城，再装上火车，或是直接漂流到凯米港入海口装船运出。在那里，我看到了一种神奇的现象，那里的松树长出了雪白的"胡子"，安娜女士说，科学家对那"白胡子"也没有确切的说法。多数人认为由于北极的空气太干净了，猜测那"白胡子"也许和空气质量有关。回程的路上，我们看到了几群麋鹿大摇大摆地走在公路上，它们既不怕人也不怕车，大麋鹿保护着小麋鹿前行。我看到大麋鹿的屁股上有烫过的印记，就问安娜女士："这麋鹿不是野生的吗？为什么会有人为打上的烙印？"安娜女士告诉我："这些麋鹿是拉普族人放养的，它们每年春季都会聚集到一个地方，所有的拉普族放养者也会来到这里，他们根据小麋鹿跟随的妈妈来判断是属于谁家的财产，这时候再给小麋鹿打上自己的家族烙印。"旅游真是太长知识了。因为这个故事，我特意在罗瓦涅米买了一张麋鹿皮带回北京，如今还钉在我们工作室的墙上。

回家的路上，安娜女士提议带我们去金矿看看，那里是曾经的著名淘金地，金子被开采得差不多了，就变成了旅游景点。我和同事每人拿着一个簸箕状的东西，把旅游点的服务生给的一兜沙子倒入其中，然后在水中不停地摇动，20分钟后剩下的一点沙子闪着金光，噢，这就是金子？服务生帮助我们把金子粘在了胶条上，我们带着自己的劳动成果——0.001克黄金踏上了回程。回程路过一个专卖生鲜的菜市场，我们在那里采购晚饭的食材。因为知道我西餐做得好，便把烹制晚餐的任务交给了我。我选了北欧的三文鱼、鳕鱼和德式图林根生煎肠，这三样原材料，在20世纪90年代的北京是很难吃到的。晚餐的蔬菜我搭配了当地种植的小土豆、小洋葱和小胡萝卜，这些"小"的蔬菜和当地的气候有关，相对寒冷的条件下，栽种的蔬菜都长不大，但味道特别浓郁。回到湖边别墅，我三下五除二，麻利地烹制了一顿丰盛的晚餐，并获得了大家的一致好评。这是我第一次也是唯一一次在北极圈内烹制菜肴，真是美好而又难忘的经历。

在露台上边吃边聊，看着远处湖边的点点灯火若隐若现，我问安娜女士："那些灯火都是湖边别墅吗？""对，和我们这里差不多，一会儿咱们划船到那边转转。"吃完饭，收拾干净，我们就准备上船了。安娜女士家的小船是个双桨手摇船，比北海公园的游船略大。大家上船后坐定，由我来摇桨向湖中心缓缓前行。划行了三四百米，"意外"出现了，夏天在北极圈旅行一定要涂抹防蚊药水，安芬妮女士在我们下飞机的时候，给我们每人一包湿纸巾一样的药水，平时出门，我们随身携带，需要时马上涂抹。上船时，我觉得湖中心不会有蚊子，所以偷懒没涂，而且没有随身携带防蚊药。谁知湖中心的蚊子竟然黑压压一团像乌云一般在我头上盘旋！我同事和安娜女士上船前都涂了药水，所以蚊子只围着我乱咬，其惨烈程度难以想象。无奈之下，我们只能掉转船头奋力往回划，即使这样，还是被咬了七八个包。没想到小小的蚊虫破坏了我们游湖的雅兴。

第二天清晨，吃过早饭，安娜女士开车把我们送到机场。我们依依不舍地和安娜女士道别，并约定等她来北京，我们一定会热情接待这位来自北极圈的好友。北极圈的机场航班不多，乘客也少，我们乘坐的早班飞机乘客更少，机场候机厅只有两位机场值机人员，一位收行李，一位查验机票。飞机准点降落在跑道上，从到达的乘客下飞机到登机的乘客完成登机不到20分钟，飞机随即起飞，效率高到让我们惊叹不已。回程途中在两个小城降落上下乘客，不多时我们就回到了赫尔辛基。

　　安芬妮女士帮我们安顿好酒店后，她的接待任务暂告一段落。按照旅行计划，接下来是另一位曾经和我一起工作过的同事尤哈娜女士请我们吃晚餐。尤哈娜女士已于1年前从北京使馆离任回国，此次见面算是老同事重逢。看得出，尤哈娜女士见到我们时，高兴的心情溢于言表。我们畅谈曾经一起在北京使馆工作的趣事，尤其是那年公使找我谈话，一定要把我留在使馆的细节，尤哈娜女士非常诚恳地告诉我们："使馆当年人事调整的结果很好，你们来芬兰考察访问，这在以前是不敢想象的事，这充分说明了芬兰驻华大使馆和芬兰外交部对你们工作的认可！"当晚，我们聊得欢乐开怀，直到午夜时分才依依不舍地道别。

　　第二天一早，刚刚起床，前台就打来电话，是去年刚刚离开北京的芬兰同事——罗卡先生，他来酒店接我们，他要带我们游览赫尔辛基城区以及乘船游览海湾。说起罗卡先生的那次接待，让我们很感动。罗卡先生离开北京后被派往伯尔尼工作，那个夏天，他原本计划和家人到西班牙度假。听说我们要去，他立刻取消了自己的休假计划，专程回赫尔辛基接待我们。我和赫女士到达前厅的时候，不仅看到了罗卡和他的夫人，还看到了使馆的另一位芬兰同事蒂姆先生和他的夫人，他们四人一起陪同我们游览。赫尔辛基中心区的码头周边就是游人打卡的地界，可以说那一带是赫尔辛基最初开始建城的地方，码头、总统府、议会大厦、农贸市场和露天大卖场……那里几乎是赫尔辛基最热闹的区域之一。罗卡和蒂姆夫妇带领我们在那一带观光游览，仔细介绍每一个历史遗迹，走到游船码头后登船继续游览。赫尔辛基海湾里散落着若干美丽的小岛，有些岛上留有历史遗迹，有些为富人所私有。其中最贵的岛屿属于芬兰F1车手哈基宁所有，岛上可见漂亮的度假别墅，一座长长的小桥与陆地相连。

中午时分，罗卡夫妇邀请我们到他新购买的公寓做客。从市中心坐30分钟的地铁，来到一片海湾住宅小区，那里是赫尔辛基以东十几公里的地方。罗卡先生告诉我们，天气好的时候可以看到海岸对面的里加。罗卡先生的公寓面积不到100平方米，在五层公寓楼的第四层，电梯像20世纪30年代老上海的电梯，网状结构，从外面可以看到乘坐电梯的人。进门后，罗卡夫人的姐姐已经做好了丰盛的芬兰午餐。午餐的菜品中，有我最爱吃的北欧牛肉丸和芬兰特有的小河鱼。甜点看上去有点像舒芙蕾，不过是用芬兰野生蓝莓制作的，那酸甜可口的美味至今让我回味。罗卡夫人告诉我们，每年那个季节，芬兰人家家户户都做那道甜点，野生蓝莓到处都是，出门遛弯儿就可以采摘不少。她还给我讲了有关野生蓝莓的故事：每年差不多有2个月的时间可以采集蓝莓，但北欧人口少，缺劳力，而且采摘野生蓝莓必须手工劳作，所以北欧的一些公司，每年从泰国招募劳工到北欧从事采摘工作。

看得出，罗卡夫妇非常重视我们的到访，为了那一天，他们做了精心准备。后来，只要罗卡夫妇来北京，我都会邀请他们一起吃北京大餐，罗卡夫妇是我们真心实意的至交好友。天色不早了，罗卡夫妇把我们送到了地铁站，大家依依不舍地道别。回到酒店大堂，服务生给了我们一张纸条，原来是中国驻芬兰大使馆打来的电话记录，确认我们第二天的行程，拜访中国驻芬兰大使馆是次日行程安排。

蒂姆、罗卡带作者（右一）游览赫尔辛基游船码头

第二天早上九点多，中国驻芬兰大使馆的司机小张，开着使馆的车到酒店门前接我们，我们要到使馆拜会马克卿大使，午餐是商务参赞李光云先生的宴请。马克卿大使和李光云参赞都是学芬兰语的国家干部，曾是中芬交换留学生，中方委派赴芬留学的那批中国留学生，和安芬妮女士来华留学是一个年代。他们到芬兰任职前我们在北京常打交道，可以说是另类的同事关系。大使馆离酒店只有20多分钟的车程，当我们到达使馆会客厅时，马大使亲自在客厅门外迎接，就像老朋友重逢。落座寒暄后，马大使介绍了使馆的工作情况，接下来则是拉家常。老友见面总是有聊不完的话题，不知不觉到了午饭时间，马大使亲自带我们在使馆院内参观，再带领我们到使馆商务处的办公楼。

　　使馆商务处是商务部派驻使馆的机构，隶属于中国商务部，李光云参赞见面就说商务部比外交部有钱，经费宽裕，所以午餐在他那里可以吃得好一点。李光云参赞说得没错，那顿午餐的菜品用"豪横"形容不为过。油焖大虾是我吃过的口感最佳的，葱烧海参做得可圈可点，扬州狮子头比北京餐馆做得都正宗……李光云参赞边吃边炫耀他们的厨师，原来那位厨师是李参赞从江苏省挖来的名厨。酒足饭饱，意犹未尽，几天的异国口味之后，终于吃到了中式菜肴，令我们非常欣慰。

　　晚餐是安芬妮女士烹制的家宴。我们在北极圈吃的麋鹿肉不错，所以那次安芬妮女士烹制的主菜也是麋鹿肉，还有烟熏三文鱼、小土豆、小胡萝卜。最新奇的是安芬妮女士特意让我们品鉴了一款甜点——豆腐冰激凌，如果她不告诉我们那是用黄豆制成的，我们一点都吃不出来。安芬妮女士解释说芬兰人有不少人吃不了牛奶制品，所以他们就研制出用黄豆浆做冰激凌。晚饭后，安芬妮女士给我们展示了她的中国收藏。她的影集引起了我极大的兴趣，她在北京外国语大学留学的时候拍摄的照片非常有历史感，她到京郊下乡劳动推着独轮车，和农村社员一起劳动……看到那么多以前的照片，恍如隔世。临别时，安芬妮女士又给第二天负责接待我们的芬兰同事莱姆先生打了电话，约定了到酒店接我们的具体时间。

莱姆夫妇的性格不太像喜欢保持社交距离的芬兰人，他们十分热情好客，而且给他们的两个孩子起的名字听起来更像英国人的名字，大儿子叫亚历山大，小儿子叫阿列克赛。他们的家住在赫尔辛基正北几十公里处，开车正好路过伊塔拉——欧洲乃至世界最著名的玻璃器皿制造地，如果看到芬兰玻璃器皿上有个大写的"Ｉ"就知道产于此城。莱姆先生请我们边喝咖啡边欣赏玻璃工匠们的表演，精湛的手艺令人叹服。我看到一位体魄强壮的工匠刚刚做完一只美丽的小鸟，就问莱姆先生那个可以买走吗。他说刚出炉的制品是不能买的，它要在200～300摄氏度的炉温中冷却24小时，否则会炸裂。

参观完玻璃器皿厂，莱姆先生直接把我们带到他家的湖边别墅，他的夫人和两个儿子已经在那里等候了。我们到达以后，大家一起做午餐。小土豆和小胡萝卜都是现从木屋旁边采摘的，特别新鲜。尤其是小土豆，那是我第一次吃到如此美味的鲜土豆。莱姆夫妇为我们准备了芬兰特色的烧烤，烧烤炉就用木屋里的取暖炉，即使是仲夏，在芬兰湖边的木屋里点燃劈柴也不会觉得热。等劈柴的火焰燃烧殆尽，只剩下火红的木炭，莱姆给我们每人发了一把长把不锈钢夹子，把大块的肉、德式香肠夹住放在木炭上炙烤，根据自己的口味偏好，选择烤熟的程度。我选择最多的还是德式香肠，在20世纪90年代的北京，几乎买不到德式香肠。莱姆先生知道我爱喝洋酒，特意为我准备了他家乡附近酒厂蒸馏的一款伏特加，他不无得意地对我说："王先生，咱今天就喝这款芬兰二锅头吧。"一斤40多度的伏特加，被我俩平分了。这是我那次芬兰行唯一一次喝大酒。

　　莱姆夫妇提议我们到莱姆先生的父母家去看看。莱姆先生告诉我们，他的父母知道我们的到访后，特意嘱咐他带我们到家里做客。莱姆先生的父母家离得很近，他的妈妈特别热情，他的爸爸略显沉闷。原来，莱姆的爸爸退休后参加了一个老伙伴们组织的音乐小团体，有时会应邀参加婚庆演奏会，不知为何，那次老伙伴们参加活动却没有邀请他，所以他正一个人生闷气。我们的到访让老先生高兴了起来，他告诉我们，那是他家第一次接待外国人，他从来没有去过亚洲，对古老神秘的中国很是向往，通过和我们交流，更觉得应该在儿子任职北京期间去中国看看。我们热情地邀请他和老伴儿来中国，并相约在北京全聚德为他们接风。和莱姆的家人一一告别后，我们来到了长途汽车站，芬兰的长途公交车像火车一样准时，长途大客车除了奔驰就是沃尔沃，车上饮水吧台和卫生间一应俱全，在那时的我们看来，非常先进。

在赫尔辛基的最后一天，负责接待我们的是使馆行政官艾雅女士，她也是和我在使馆一起工作时交集最多的同事之一。她先带我们到芬兰航空公司在城里的办公大楼，把托运行李和登机牌办理好，这样一来，晚上9点起飞的航班，提前1小时到机场登机即可。艾雅女士50多岁，单身，在芬兰使馆的外交官中算是富裕阶层。她的公寓在市中心靠近一条小河旁，看得出这样的住房价格不菲。艾雅女士一边介绍她的公寓一边调侃："这个房子在赫尔辛基算贵的，我一人挣钱一人花，所以买得起这座公寓。"芬兰政府是世界上最廉洁的政府之一，每个公民都是按劳分配，贪污腐败、偷税漏税的案件极少发生。从艾雅女士家里出来，沿街都是赫尔辛基市区旅游打卡的去处，石头教堂、跳蚤市场、步行街……午餐时间，艾雅女士在步行街上选择了一家最好的餐厅，每人的套餐也很讲究，有前菜、汤、主菜和甜点，并搭配了一款法国罗纳河谷的白葡萄酒。在赫尔辛基的最后一天，这样一顿高规格的午餐就像是送行宴会。餐后咖啡原本可以在餐厅饮用，但艾雅女士还是带我们去了她最心仪的一家有风光的户外咖啡厅，这样用心招待，令我们非常感动。最后，艾雅女士代表芬兰驻华大使馆表达了对我们工作的认可，并感谢我们为使馆的付出。

离登机时间越来越近，艾雅女士叫了一辆出租车，把我们送到安芬妮女士的家中，安芬妮将和我们一起搭乘航班回京。8天的芬兰之旅，满载芬兰同事们的友情，这8天是幸福之旅、难忘之旅、不可复制之旅……感谢所有接待我们的芬兰同事，他们每一位都情真意切，极尽所能，让我们体验这个国度原汁原味的美好。还要感谢中国大使馆的款待，感谢马克卿大使、李光云参赞。看着窗外飞机缓缓升起，我心中默念：再见千湖之国芬兰，希望有生之年与你再相会！

肆拾捌·乘坐飞机来修马桶

　　每每说起一个国家是否先进，工业、农业、科技、金融、文化……有很多评判的标准。但说起科研水平高、工业制造精良，尤其是从业者有工匠精神的国家时，我们大多想到的是德国和日本。德系汽车、日系汽车的光环大大地盖过了欧美其他发达国家，芬兰作为一个"二战"前贫困落后的国家，经过几十年的努力跻身世界科技和工业强国之列，而且，2019年度、2020年度芬兰摘得幸福指数最高国家，其发展过程值得我们赞叹。

　　大多数国人使用过诺基亚手机，诺基亚辉煌的时候，占据世界手机市场份额第一，不得不说，这对于一个只有500多万人口的小国来说是个奇迹，芬兰工业科技的发展史是个传奇（在此我并不是想夸赞一个国家）。我在芬兰使馆25年的见闻，芬兰人做事的态度和工匠精神影响了我的人生态度。

　　我刚入芬兰驻华大使馆工作不久，由于使馆的楼体始建于20

世纪50年代，老化严重，芬兰外交部派遣装修队带着芬兰的设备到使馆施工。我看到芬兰的技工在安装一台抽水马桶，手法非常麻利，操作十分娴熟，不一会儿就安装完毕了，他简单地告诉我使用的注意事项，其中一句话我以为他说错了，他强调马桶的封盖不要打开，实际上没有专用工具是打不开的。我疑惑地望着他，我没有理解他的话，便问他："为什么不能打开？不打开怎么维修？里面要是坏了怎么办？"他听了我的疑问很诧异，直接回答我："为什么会坏？如果30年之内坏了，我们随时从赫尔辛基飞过来修理。"听到这，我简直不敢相信自己的耳朵，30年？从芬兰过来修一个马桶？可想而知，这名芬兰技术工人对自己产品质量的信任。事实上，确如工人所言，在我工作的25年中，这样的抽水马桶从来没有一个坏掉。这件不经意的小事深深地触动了我，我和芬兰同事聊起这件事，他们不以为然，我得到的回答是："这个马桶质量好有什么奇怪的吗？芬兰好东西有的是。"从那以后，我的芬兰同事不时地和我说起芬兰的发展历史……

肆拾玖·因祸得福

　　芬兰这块土地自古贫瘠，几千年前一个游牧民族拉普族在这里生息繁衍。这里十分寒冷，积温不足，不适合农业种植。畜牧业也是以麋鹿驯养为主，鲜有牛羊，可以说这块土地不适宜古人类生存。1362年，芬兰开始被瑞典统治，直到19世纪初。1809年，俄罗斯帝国击败瑞典，芬兰成为沙皇统治下的一个大公国。不论是瑞典还是俄罗斯，都对这块不毛之地兴趣不大，当年这里除了野生动物的皮毛和森林木材，没什么值钱的东西。随着俄国爆发十月革命，芬兰于1917年12月6日宣布独立。1918年的芬兰内战使俄国布尔什维克势力退出芬兰国土。在短暂的王国政体倒台后，芬兰共和国于1919年成立。1939年，苏联发动了苏芬战争，芬兰被迫割地，此后，芬兰在1941年加入德国阵营参加了对俄战争，拿回来被斯大林割走的土地。第二次世界大战结束后，芬兰成为战败国，这次斯大林没有饶过芬兰，不但重新割地，还要求战争赔款五亿美元，我们知道，"二战"结束后没有哪个战败国被要求赔款，但芬兰人直到斯大林死的那年才把赔款还清。"二战"结束之后，芬兰要钱没钱，农牧产品也没什么能拿得出手，工业产品就更是一无是处，砍树用木材赔偿，斯大林也不要。于是斯大林出了个主意，要芬兰政府派遣高中毕业生来莫斯科培训，学习制造火车头、轮船、机床、伐木机等，学会了这些技术，再回到芬兰国内生产这些产品，作为赔偿还给苏联政府。经过芬兰国内人民八年的努力，1953年，终于把这五亿美元还清。最后一辆用于抵债的火车头，从赫尔辛基开向莫斯科的那天，芬兰举国欢腾，以后再制造的火车头就属于他们自己的了。听了这些，我为芬兰人感到自豪，也为这个民族受到的屈辱哀伤。我的芬兰同事倒不这样认为，国家战败赔款不是好事，但通过给斯大林的赔款，芬兰收获了宝贵的工业和科技人才，这为后来芬兰工业科技的现代化，奠定了坚实的基础，可以说，偿还战争赔款这件事令芬兰因祸得福。

伍拾·工业科技领先

　　1990年年底，大使安排我一同参加哈尔滨中芬贸易促进会，让我领略了芬兰工业科技的高度发达，我参加了两个项目：伐木机械和高层灭火爬梯。当年没有一个国家能制造出和芬兰水平相当的产品，尤其是高层建筑消防车，车上的消防升降爬梯材质体轻，爬升速度快，一直保持着世界消防车的爬高纪录。这次为期1周的贸易促进会，让我近距离感受到了芬兰的科技水平，也是在这次活动中领略了诺基亚的通信技术，第一次见到了传说中的，世界上第一款数字移动电话——2110型手机的样机，体积只有摩托罗拉模拟移动电话"大哥大"的四分之一。从20世纪90年代初识诺基亚，我在芬兰使馆工作的20多年里，和诺基亚结下了不解之缘，见证了这家当时还不太出名的芬兰公司如何一步一步走向辉煌。由于工作关系，我也有幸和诺基亚公司有过很多交集，一度成了诺基亚手机新产品的试用员，无论是工作关系还是

1990年，参加哈尔滨中芬贸易促进会

私人友谊都值得我在此一提。

诺基亚公司从1865年成立时的一家伐木和纸张制造的企业，不断探索，积极开发新领域，做过雨鞋、轮胎，做过电视机、录像机，从20世纪70年代前后开始进入通信领域，一跃成了领先世界的科技公司。诺基亚诠释了芬兰人的工匠精神和这个国家的发展历史。到了21世纪初，诺基亚成了真正意义上的国家支柱产业，当时有人半开玩笑地说："芬兰经济由三个部分组成：工业、农业、诺基亚。"可想诺基亚对芬兰国家的意义。今天在手机市场上诺基亚手机已经不多见了，但诺基亚科技依然保持世界领先水平，诺基亚公司2019年仍是世界500强之一。

伍拾壹·共通的工匠精神

　　芬兰人做事执着、耐心、孜孜以求、追求完美的工匠精神我看在眼里，看着他们"死心眼"般的一丝不苟的工作憨态，从开始觉得他们笨，到被他们的匠人精神感染，乃至看他们工作是一种享受。他们每一个人都自觉按照程序完全作业，即使在墙上钉个钉子都要用尺子画出坐标，自觉地把事情做完美，绝不会是差不多。芬兰装修队几次来华工作我们都合作得很愉快，在北京我给予他们尽可能的帮助。令我感动的是，他们知道我分配了新的住房，特意从芬兰邮递过来芬兰的水暖配件设备，就是前文提到的30年不坏的系列产品，这样的"礼品"我已经使用20多年了，几乎没有老化的现象，也从来没有坏过。每每触碰到厨房和卫生间的这些芬兰设备，好像都是在与制造这些的芬兰工匠们握手，也像是随时提醒我要像芬兰工匠一样对待事业。

　　离开芬兰使馆的工作岗位后，我开始了西餐美食美酒事业。

西餐厨艺固然重要，但对待美食的态度是重中之重。大多数时间厨师都是自己在厨房烹制，食客几乎看不到厨师的所为，从食材的选择到制作过程中的每一个细节，如果没有点工匠精神想做好是做不长久的。与芬兰同事一起工作20多年养成的好习惯，对我们的美食美酒事业帮助很大。就拿卫生标准来说，我们要求自己每一次用完厨具、餐具、酒具都要清理如新。其实我们中国人的做事规矩原本就有着优秀的传承，像同仁堂的古训"修合无人见，存心有天知"，诚信和努力做好本职工作的工匠精神，是中华民族的传统美德之一。

伍拾贰·出国不易

　　过去，国人出境到海外只能是工作或探亲，境外旅游几乎不可能，一是获得签证几无可能，二是即使获得签证，也没钱旅游消费。那时，国人的工资收入和大多数发达国家的消费水平差距太大，1个月的工资在欧美连1天的消费都不够，更不用说机票等交通费用了。

　　改革开放之初，能出国的人是何等风光。从我记事起就觉得出国是特别厉害的事，身边的街坊、亲朋，谁家有个公派出国的，或有海外关系能到国外探亲访友，都被羡慕不已，好像只要这个人出了国连身体都会发光。我有个街坊玩伴的爸爸，被公派到阿尔及利亚援建，小伙伴们都愿意围着他，尤其是他爸爸从国外带回来的东西令我们垂涎，小到口香糖、巧克力、尼龙丝袜、T恤衫……大到手表、录音机、电视机……当时我们的商品供应匮乏，几乎没有谁家能买到这些物品。我青少年时代的中国，与发达国家在经济上的差距巨大。

　　1978年十一届三中全会可以说是中国现代化的起点，在改革开放总设计师邓小平同志的带领下，中国快速地融入世界，国民财富激增，早年偷渡和签证逾期不归的事几乎绝迹。如今，拿着我们中国的护照畅游世界，几乎没有半点羁绊。我自己的海外旅行经历也暗合了国家富强的步伐，回想海外旅行的往事，回想这几十年我在海外遇到的不同脸色，感慨祖国的强大才是我们国人的脸面。

　　第一次"出国"是我刚刚参加工作，1980年初入澳大利亚驻华大使馆，我们入职外交人员服务局参加培训的时候，负责培训的经理和我们说得最多的话就是："你们的工作将是非常重要的，进入驻华大使馆就等于出国了，按照外交惯例，使馆院子的土地视同为本国领土，所以，你们是每天早上'出国'上班，晚上下班'回国'。"就是这样的"出国"模式我延续了十五年。

　　直到1996年我人生第一次获得澳大利亚签证，那次获得签证的理由是探访移民澳大利亚的妹妹，妹妹供职于澳大利亚航空公司，当时如果不是有航空公司协助开具的探亲邀请函，我得到澳大利亚签证的概率微乎其微，我妹妹的个人担保不足以满足澳大利亚的签证条件。就这样，1996年成了我开启海外旅行的元年。第一次踏出国门，机票靠妹妹赞助，住宿等在澳大利亚的一切开销也都是妹妹支付。我当时在驻华大使馆工作，工资收入不算低，但仍不足以支撑这样的国际旅行，这就是20世纪90年代以前的状况。第一次出国，第一次到澳大利亚旅行，什么都是新鲜的，看什么都好、看什么都贵，好在妹妹在澳航做空姐，在悉尼也算是高薪人群，让我的澳大利亚旅行充满了美好的回忆。从那次旅行之后，每一次办理澳大利亚签证都很顺利，有了澳大利亚签证记录，获得其他欧美国家的签证对我来说也变得容易了。

伍拾叁·您是从哪儿来的？

那些年，每到北京的冬天，去澳大利亚是我们的首选，温暖的悉尼碧海蓝天，妹妹也希望我们能在澳大利亚和她一起欢度春节。不论生活多美好，没有亲人的陪伴也是孤独的。妹妹在悉尼海湾买了房子，环境舒适、景色宜人，社区的专用码头是悉尼湾里的观景点，偶尔有些游客造访。我记得是在1998年春节前后，我和太太带着儿子坐在码头上钓鱼，来了一群华人，不知道是香港人、新加坡人还是台湾人，他们在码头上观光拍照，不一会儿，有位女士向我喊话："Excuse me Sir，Would you mind taking a group photo to us？"（劳驾，能帮我们拍张合影吗？）我起身走过去接过相机，二三十人的旅游团站得松散且把背景的悉尼歌剧院和大铁桥遮住不少，于是我用中文大声指挥他们："所有人向右移动一米。"大家按照我的指挥行动，效果果然不错。拍完照，那位女士接过相机，忍不住对我说："先生，没想到您会讲中文，而且国语说得这么好！"我客气地回答："我是北京来的。""我们是从台北来的，这是我们公司的团队游，您也是来旅游的吗？""我是来度假的，就住在旁边这个公寓里。"她脸上立即露出惊诧的表情，看得出，她没有想到一个北京人会在悉尼湾里度假。那个年代，也许在台湾人眼里，大陆人能解决温饱就不错了，怎么会在悉尼湾里的富人区度假呢？

　　和台湾人的邂逅，让我第一次在海外有了作为一个中国人的自豪感。在以后10多年的国际旅行中，经常被问的问题是："您是从日本来的？""您是从新加坡来的？""您是从香港来的？"直到2008年奥运以后，才出现"您是从中国来的吧？"可以说，北京奥运会把中国的形象提升了很多。

伍拾肆·国际旅游专家

　　说起来我是幸运的，人们常说旅游是有钱有闲的人做的事，我在使馆工作了30多年，从1980年入职澳大利亚驻华大使馆，每年有15天的年假，这在以前的中国单位是不可想象的奢望。1990年开始，我在芬兰驻华大使馆工作，休假待遇更上一层楼，年假达到了30天。这样的工作安排，充分保障了我每年出境游的时间。2000年以后，欧洲申根国家开启了针对中国游客的团队游，一时间，赴欧旅游成了大热门，我的一些从事国际游业务的朋友忙得一塌糊涂。出境游客激增，领队导游人手不够，他们看好我的海外旅行经验，也知道我每年有假期，帮他们当旅游团的领队和翻译便成了我的兼职工作。这样的经历帮助我积累了不少带团经验，充分熟悉了各个国家的历史、地理和风土民情，我去海外旅游不但不花钱，还有少量的差旅费，说起来真是件幸运的事。2010年，欧美相继开通了中国公民自由行，这下子机会来了，中国老百姓不用再找国际旅行社报团了，自己租房、租车、买机票，自己拟定线路，随心所欲。这样我就成了朋友们眼中的国际旅游"专家"，邀请我一同出游当导游、翻译、司机和美食美酒指导。我俨然成了一个国际导游，每年1个月的年假时间被朋友们早早地"霸占"，几年的时间几乎跑遍了欧洲。到了2014年，我的年假实在不够用了。这一年，我和旅友们计划为期30天的环法自驾游，却被另一拨朋友打乱。他们邀请我到罗马尼亚和摩尔多瓦葡萄酒庄园考察，这对于我这个做过职业侍酒师的人来说，诱惑的确太大了。看来我在使馆的工作该让位于国际导游了，国际导游为我带来的收入足以保证我的生活，我在心中筹划：趁着还年轻就跑跑世界吧。2014年，为了完成环球旅行计划，我毅然离开了心爱的使馆工作，开启了人在旅途的别样人生。

澳大利亚　南澳酒吧

伍拾伍·误认外交官

说起我国际旅行的经历，有不少有趣的故事。2005年，妹妹在悉尼举行婚礼，我作为娘家人的代表出席了婚礼，婚礼上发生的故事让我记忆犹新。当天，我精心准备了中英文双语婚礼致辞，我自己觉得在婚礼上用流畅的英文是很自豪的事。参加婚礼的澳大利亚人和当地华人觉得我讲得不错，10分钟的致辞引起了十几次的欢笑。妹妹的一个从北京移民过去的朋友十分感慨，婚礼结束后，我们到他家拜访，见面他就对我说："大哥您真牛！我参加了很多华人婚礼，每次从国内来的亲属都让我们担心丢面子，您这次在婚礼上的表现让我们华人长了面子，您在婚礼上的风范盖过了澳大利亚'鬼佬'。"听了他的话，感觉自己这么多年在大使馆的工作没有白干。在大使馆工作环境的熏陶下，和洋人打交道有一颗平常心。后来，我多次去澳大利亚，每一次见到华裔朋友们，都要说几句那次婚礼的故事。

婚礼结束后，我回到北京。不久妹妹打来电话，给我讲了婚礼后的一件趣事，颇让我有几分自豪感。妹妹的一位同事，驾驶波音747客机的机长参加婚礼后问她："你的哥哥是外交官吧？"妹妹回答："你是觉得他的英文讲得好吗？"机长回答："英文讲得是不错，但我看你哥哥与众不同之处在于西餐礼仪。我是最爱吃喝的，我自觉是个美食家，婚礼上看你哥哥的刀叉使用和宴会桌上的仪态，比我这个自称美食家的人做得都好，所以我断定他一定是个外交官。"于是妹妹大致给他讲了我的工作经历，机长为自己的眼力而自豪。这件事令我感到意外的是，我心里认为自己的双语致辞才是最得意之处，没想到却是吃喝这等小事被澳大利亚老饕欣赏。不过也正因为这件事，我内心埋下了一个小愿望，有朝一日要从事西餐工作。2013年，英国电视剧《唐顿庄园》在央视热播，引起了国人对西餐礼仪的追捧。各种西式礼仪培训班的兴起让我有些冲动，我觉得从事西厨美食美酒业的梦想就在眼前。

伍拾陆·人在旅途

　　2014年，我准备离开使馆工作岗位的这一年，为了做好西餐和葡萄酒事业，我决定做一次环法自驾考察。尽管以前去过法国，但都是走马观花，到一些名胜景点打卡了事。这次为时1个月的考察集中在法餐和酒庄。1个月的法国行，筑牢了我以往的西餐和葡萄酒技能，教授美食美酒的底气大大增强。一路上考察乡村旷野，体会原汁原味的法国美食美酒、风土民情，在巴黎品鉴了米其林星级餐厅的美食；在勃艮第吃了法国最著名的蜗牛；在波尔多木桐等一级酒庄品鉴了法国最好的葡萄酒；在香槟产区喝了香槟王——唐培里侬；在勃艮第罗曼尼村品尝了黄金坡的康帝酒园的葡萄。

　　这次环法自驾游最大的收获是在干邑市，住在法国人米歇拉夫人的家里，米歇拉女士是干邑市议会的议员，精通法餐烹饪和品鉴法国酒。她为我们做的几顿饭让我大开眼界，我们现在在美食课上教授的奶油白葡萄酒烩贻贝就是米歇拉女士亲自传授的。在米歇拉家发生了一件让我颇感自豪的事。米歇拉女士有一张航空公司里程兑换的巴黎到北京的往返的奖励机票，但她去中国驻巴黎大使馆办理来华签证的时候，中国驻巴黎大使馆让她出示中方邀请信，必须是中国单位或中国公民邀请。晚饭后我用米歇拉女士的电脑写了封邀请信，复印了我的身份证和护照。我们离开干邑市的第二天，米歇拉女士如愿在中国驻巴黎大使馆拿到了签证。我从法国回京以后，她如愿来北京旅行，我请她品尝了北京烤鸭，品鉴了我的藏酒。

法国干邑市议员米歇拉女士的家宴

伍拾柒·环游世界不是梦

    2015年以后，我可以随心所欲地支配自己的时间了。我们开始了旅游计划——美食美酒在路上，带领旅友们游览考察欧洲，一路观光、一路美食美酒教学。新兴国家克罗地亚，惊艳的亚得里亚海旖旎的风光美不胜收，古老的希腊到处弥漫着古色古香的风情。每天的旅行计划都会被延时，一路上很多意想不到的历史遗迹令人流连忘返。从多瑙河沿岸国家奥地利、捷克、匈牙利直到多瑙河三角洲的罗马尼亚。德国整洁有序，意大利悠闲。沿着多瑙河自驾，领略既古老又现代的欧洲大陆，美食美酒风土民情就像一部历史和地理的教科书，让每一位旅友感叹读万卷书不如行万里路。

    近几年，我们海外游最多的还是澳大利亚，澳大利亚地广人稀，旅行中可以租住大别墅。居住在物美价廉的大别墅里，围坐在一起品酒聊天，纵情吃喝，是旅友们最喜爱的事。尤其是别墅中厨房设备、厨具齐备，对于喜爱美食美酒的老饕旅友是最好的选择，一起烹饪一起调酒，既学到了西厨烹饪和侍酒，也享受了原汁原味的澳大利亚美食美酒。

法国卢瓦尔河谷武夫赖产区品酒

每当我们在别墅里制作完成丰盛的美食，手握一杯心仪美酒，看着落地窗外风景如画时，心中总浮起一种恍如梦中的感觉。我们这些生于20世纪五六十年代的人，当年又有谁能想到，有朝一日，自己可以来到异国他乡旅游，自若地享受当地的美景美食，实现环游世界的梦想，让我心中充满自信与自豪。

伍拾捌·吃喝改变命运

　　说起吃吃喝喝，我们通常认为是最简单、最不重要的小事。多年前，如果一个人把过多精力投入吃喝的事上，会被人称作不务正业或胸无大志，我曾经也这样认为。职业初始选择英式管家，接触餐饮的那一刻开始，就没把这些与吃喝有关的事儿与干事业联系在一起。那时候，自己固执地觉得，学好英文、当个翻译才是事业有成。斗转星移、乾坤扭转，到了退休年龄，曾经引以为傲的英语能力，在当年舍我其谁，现在无人不晓。反而我曾经不屑的"吃吃喝喝"成了当下热门的时髦行业。诚然，因为从事吃喝，让我的退休生活变得老有所为。我还依然孜孜不倦致力于美食美酒和西餐礼仪的教学中，继续发光发热，这是我青春年代从不曾想到的事。

　　中国古语"民以食为天"，"吃喝拉撒睡"把吃喝放在前两位，"三代学会吃喝"，以吃喝显示出身层次。但如果说学会吃喝能改变人生轨迹，能让你转运，有人可能会觉得实在有点小题大做。但我个人的经历让我认识到，自己最受益于学会了吃喝。

前文我已经讲述过一些我与吃喝的故事，我出生的1959年正是闹粮荒的时候，童年的吃喝只能是填饱肚子，美食只能在电影里和梦中遇见，我在前文描述的吃喝囧事，比如，捡糖果厂的糖渣吃……几分无奈、几分寒酸、几分凄凉。长大后回忆起妈妈为了我们四个孩子不挨饿，把自己那份口粮分给我们吃，自己忍饥挨饿，总让我唏嘘不已。到了工作年龄，有幸选择英式管家，从解决温饱一下子步入美食美酒天堂。学习了美食烹制也学习了餐饮礼仪，一下子学会了吃与喝。在我后来的人生道路上，美食美酒始终发挥着重要作用，直到临近退休，成功做起了梦想中的美食美酒事业。传授外交使团独家的西厨烹饪技巧，讲授葡萄酒、洋酒的饮用方法，推广烛光晚宴礼仪，给当今中国人的幸福生活增添光彩，这等美好的工作让我乐此不疲。

还是从步入澳大利亚驻华大使馆说起吧。前文已经说过不少有关我的美食美酒执业经历，从接触美食美酒开始，我就成了亲朋好友身边的"美食家"，来我们家吃饭，亲朋好友们总会充满惊喜。在那个刚刚解决温饱的年代，能吃到我烹制的西餐，既新鲜又美味，成了大家的期待。"但行好事莫问前程"这句话一直是我美食美酒生涯的座右铭。我和太太非常好客，亲朋好友来家做客都会感到很舒服。小而温馨的家中人来人往，一大部分是为了我家的美食美酒。也许正因为不惜力地为亲朋好友制作美食，才促使我把业余爱好变成了一项事业。

在20世纪八九十年代，在餐馆吃饭还是很奢侈的事，婚丧嫁娶操办吃喝多在自己家里解决。那些年，我经常被邀参加婚宴的筹备工作，我的西餐菜品往往会被选上几样，成为一道独特的风景。开始的时候，我只是为亲朋好友帮忙，渐渐做得多了，被越来越多的朋友认可，关系不太近的人多少会给些辛苦费。

伍拾玖·食品变商品

　　改革开放以后，新疆人来北京，把街头烤羊肉串搞得红红火火，烧烤慢慢进入了北京人的生活。到了20世纪90年代中后期，随着私家车的不断增多，郊外烧烤成了时尚。从那时候起，我曾经在澳大利亚大使馆游泳池旁练就的烧烤技能派上了用场。西餐烧烤非常讲究，烹制要领是根据菜品食材的不同，搭配不同的调料，猪、牛、羊的香料腌渍各有特色。新鲜蔬菜水果用于肉类的腌渍也是西厨的特点，西餐酒类在烹饪和佐餐当中的使用非常丰富，总之，西餐烧烤系列品类繁多且美味可口。

　　就我个人的爱好而言，德国生煎肉肠是一道非常适合烧烤的美味，从我进入外交使团，第一次在德国驻华大使馆品尝到德式烤肠，就一直期待能够在北京市场上买到。20世纪90年代，德国肉食企业通过中国的农业部，与中国的肉食企业合资兴办了大华安肉食有限公司，它出产的德式烤肠主要供应给北京的星级饭店。德国驻华大使馆和驻华外交使团也比较容易买到，从那个时候开始，我把德式烤肠当作了看家菜，影响了身边的许多家庭。

随后不久发生的事情让人意想不到，原本美味的德式烤肠越来越难以下咽，我时常向送货的经理抱怨烤肠的品质大不如前，每次送货的经理都支支吾吾。后来在一个朋友聚会的饭桌上得知烤肠难吃的真相，这位朋友来自大厂，就是德式烤肠所在的大华安公司。原来很多在大华安工作的员工，学会了德式烤肠的制作之后辞职自己开了肉食加工作坊，我们后来吃到的德式烤肠多是出自这些肉食加工厂。知道缘由后，我和朋友们不再吃这些不正宗的东西了。时间久了，吃不到德式烤肠十分嘴馋。记得在2004年，几位驻华大使馆的朋友在郊外组织烧烤聚餐，每个人自带一些烧烤食材，我想念德式烤肠，但没地方买，干脆自己买了做烤肠的原料和简单的设备，凭着自己对德式烤肠味道的记忆和西餐烹制猪肉的方法，做了几斤烤肠去参加聚会。那天，阿根廷大使馆和巴西大使馆的同事也带了他们国家的风味烤肠，南非大使馆的同事从德国肉店买了成品烤肠，一顿烧烤竟然有四种烤肠狭路相逢！搞得我心中颇为忐忑，毕竟第一次出手，佐料调配全凭自己的感觉，不禁暗自担忧，也许我的烤肠没人爱吃。

制作德式烤肠

　　烤好的烤肠陆续端上桌，大家边吃边品评。阿根廷大使馆和巴西大使馆的同事津津乐道他们各自的自制烤肠，我在旁边默默听着插不上话。一位好事的同事说："不如咱们评比一下今天的四种烤肠吧！"这个提议顿时引起大家的兴趣，纷纷议论起来。一半以上的同事指着我做的烤肠问："这个烤肠是谁做的？"大家互相注视没人应答，见此情景，我没法藏拙，只得举了一下手："我做的。"大家把目光转向我，异口同声地问："您在哪里学的烤肠制作？今天您的烤肠最好吃。"得到赞誉，我着实有点诧异，没想到第一次制作烤肠就这样成功。更令我意外的是，几个同事纷纷要求购买，我不经意制作的烤肠居然成了热销品，真是意外收获。那天以后，10多年过去了，我的德式烤肠订单一直没有间断过。德式烤肠的商品化，令我信心倍增。可以说是我后来选择离开使馆的工作岗位，转行做美食美酒的一个重要原因。

　　这次为同事聚会制作的德式烤肠，引发了蝴蝶效应，订单纷至沓来。与此同时，不少老饕又要我提供一些其他适合烧烤的西餐菜品。法排小切、牛仔骨、西梅培根卷、梅肉时蔬串……曾经在外交使团学会的各式烤肉菜品，瞬间成了备受推崇的美食商品。除了提供食材，我也常被邀请现场演示烤肉，从紫玉山庄到北六环，大大小小的别墅群成了我的烧烤"战场"。每年的五一、十一假期，还有周末休息，我几乎都是在烧烤台前度过的。我的烧烤菜品虽好，但市面上买不到我需要的烤炉。一般的烤羊肉串的架子火力不够，烤不熟这些西式肉排，于是我又亲自设计了烤炉。正巧有位为五星级饭店做厨房设备的朋友来吃烧烤，我将图纸交给他，没过几天，他就给我送来了崭新的烤炉。看起来与图纸一模一样的不锈钢烤炉，工艺精细、细节考究，堪称完美。这个烤炉绝对是五星级酒店厨房里的标准配置，与普通的烤串炉有天壤之别。后来，他按照这个图纸，又给朋友们做了不少，也算是物尽其用。有了这个烤炉，我的烤肉实现了无烟化。烤出的肉，味道香且没有黑烟熏烤的痕迹，这是我的"专利"，这项发明始终让我引以为豪。

陆拾·退休后的创业

　　现在回想那些年做烧烤的场景，依然意犹未尽。平时工作日，我在使馆上班，一到周末，就兼职做烧烤。2008年奥运期间，我的烧烤台上来了个小女生，她原本是来参加活动的客人，但她一看到我的烧烤台，就跑过来帮忙。从她的工作热情和认真态度，看得出她对烹饪十分热爱，将近2个小时的烧烤她一直跟随我左右。其间，我多次提醒她去餐桌就餐，她的回答是："我就爱做饭，对吃不感兴趣。如果您以后需要帮手，我就做您的徒弟。"没想到她的一句玩笑话，后来居然变成了现实。她就是我现在的徒弟、双利西厨合伙人隋莉。当年我第一次见到她的时候，她就职于北京同仁医院干保科，是医疗行业的排头兵，没想到相识几年后，她毅然放弃了医院的铁饭碗，和我一起创办了双利西厨美食美酒工作室，如今她已然成了一名优秀的美食美酒讲师。兴趣是最好的老师，这句话用在隋莉身上恰如其分，正如当今最时髦的一句话"把兴趣变成职业是最好的生活方式"，隋莉自己也没想到会摇身一变，在美食美酒事业中又成了排头兵。

初识隋莉的时候，她对西餐和葡萄酒一无所知，起初她只是通过短信或电话向我请教一些西餐厨艺，我也没觉得一名医务工作者会转行做西厨。通常她想要做什么，我就把菜谱发给她，她反馈一些做好的美食图片给我看。她学习西餐的认真态度让我相信她的确热爱西餐厨艺，按照菜谱烹制的菜肴有模有样。直到有一天，她打来电话，兴奋地告诉我，她在家宴请了一位在美国工作居住多年的亲戚。她烹制了南瓜汤、香煎三文鱼、西梅烤猪肉和焦糖布丁，吃过她做的西餐，这位亲戚惊诧不已，不住口地夸赞："没想到在北京能吃到这么惊艳的西餐，尤其是香煎三文鱼，改变了我对三文鱼的认知，外焦里嫩入口即化。美国一般的餐厅做得都不好吃，如果想吃到你这种水平的美食，要去高端餐厅预订，价格很贵！而且，即使是美国的高端餐厅，也做不出这么好的味道！"隋莉在电话中有些激动地讲完了这个故事，最后说了一句："师父，咱们成立个美食美酒工作室吧，您要是同意，我就离职加入。"这次隋莉的话可是认真的。没过多久，我们便真的筹备起来。

2014年10月15日，我和徒弟隋莉共同创办了美食美酒工作室——双利西厨。

荣誉证书

陆拾壹·笃信西医

之前，我生病了就去看西医，几乎没有看过中医，也不吃中药，可以说是完全被西医洗了脑。初入澳大利亚驻华大使馆工作的那几年，长跑是我的业余爱好，一次参加半程马拉松活动，跑了20多公里后，脱下鞋子，发现脚指头被趾甲磨出了血疱。第二天，每只脚各掉了三个趾甲盖。我跑到医院包扎伤口，过了好几天也不见好，每天穿着拖鞋上班，遇到烛光晚餐才勉强穿一会皮鞋。大使夫人见状，建议我去澳大利亚大使馆的馆医诊室去看看。大使的司机拉着我来到坐落于建外外交公寓的诊室，医生夫妇50岁开外，非常热情，进门就问："你喝点什么？"好像我们是朋友而不是医患关系。医生将我脚上缠绕的纱布打开，用一瓶液体清洗一下，回身从柜子里拿出一个塑料小药瓶，打开盖子用手一捏，从针眼大的孔里喷出白雾状的药粉，瞬间覆盖住了创面。他把盖子拧紧后放在我的手里，温和地说："拿着这个药粉，每天喷三次，这两天不要弄湿了，48小时以后就可以洗澡了。"我对医生和他的护士太太表示了真挚的感谢，我问医生该付多少钱。医生半开玩笑地说："你这个月的工资都付了也不够，你是我们使馆的员工，不必付钱。"早就听说外国医疗费贵，这次真的领教了。回到使馆，大使夫人关切地看了我的创面，再三叮嘱要遵从医嘱。果然，2天以后创面愈合完好，我可以正常穿鞋走路了。

那段时间，除了自己的医疗经历，读到的文章和社会舆论，大多是贬低中医迷信西医的。我学习的英语教材中也有不少有关医学的课文"Penicillin"（青霉素）和"Heart transplants"（心脏移植），我依然记得当时读完这些课文时对西医的崇拜。10多年前，媒体报道充斥着对中医的负面评价，这些都让我坚定了自己的想法：中医就是不如西医。

陆拾贰·神奇的中医

    然而，笃信西医的信念在七八年前被改变了。大约在2013年前后，我得了一次重感冒，头疼难忍、咽喉肿痛，每次有这样的症状去医院拿药，至少要吃十天半个月。下班回家后我便卧床不起，儿子回家看到我难受的样子，便说："我给您治治吧。"我问："怎么治？""刮刮痧吧，您试试，应该管用。"我将信将疑地按照他的要求，把上衣脱掉露出了后背，第一次刮痧很疼，强忍着被"撕皮"的感觉，耗时半个小时刮完痧，儿子拿了一杯温开水，"您喝下这杯水，盖好被子睡一会。"我听从"医嘱"，而且也确实困倦，朦朦胧胧地睡着了。1个小时后醒来，头脑清醒，也没有昏沉的感觉了，周身轻松，感冒的症状全部消失了。我心里直呼神奇，一片药没吃怎么就这样迅速康复了？我起身问儿子："刮痧为什么这么管用？"儿子解释了刮痧的道理，我听得一知半解，别的都没听懂，只记住他说对我这种感冒要采取釜底抽薪的方法，把体内的热火排除……听着他娓娓道来，我似乎明白了点中医的思想。从那一次治疗开始，一有类似的状况，我就找儿子要求刮痧，他诊脉后根据症状，或是刮痧或是开几味药，至今我很少感冒。"上医治未病"的中医理念和中医非药物性疗法的作用，让我不得不认可中医真的有其独特之处，只能说中西医各有所长。

说起儿子学中医这事，真是有点"乾坤大挪移"。我家祖辈乃至同辈亲戚，没有一位从事过与医学相关的职业。儿子从小学习不错，高考考入了北京邮电大学，学习的是电讯工程专业，毕业后又在国家金融机构任职，与中医和医学可以说是毫不相干。我也不知道他是从什么时候开始爱上中医的，直到2012年的一

王星辰厚朴三期临床班毕业典礼

天，我下班到家，太太对我说："你儿子要学中医，已经报了徐文兵老师的厚朴中医学堂。"听到这个消息，着实让我诧异，我一直给他灌输的是比较西式的理念，他也知道我不信中医，可为什么反倒要学中医？太太也了解我一贯不认同中医的想法，猜到我不会赞成。不过我家是个民主氛围浓厚的家庭，尊重每个人的选择。太太拿出了一篇文章给我看，是儿子按照徐文兵老师的入学要求写的《我与中医的缘分》。我从头到尾细细读来，近千字的文章写得足够精彩，字里行间洋溢着对中医的热爱。事已至此，我只能淡淡地说一句："既然儿子想学中医，我反对也没用，他愿意学就学吧。"接下来的几年，儿子在中医学习上卓有成效，也深得徐文兵老师的认可。

陆拾叁·会说英文的中医

　　2015年春节过后，家里来了两位贵客。徐文兵老师偕夫人莅临寒舍，来家里的目的之一是品尝我的西餐，这次的邂逅彻底把我从一个西医粉变成了中医迷。徐文兵老师出身于中医世家，毕业于北京中医学院（现北京中医药大学），品学兼优的徐老师毕业后被留在东直门医院任办公室主任。席间，边品尝我的美食边聊起他在东直门医院的往事。如果驻华外交官要看中医，东直门医院是指定的医疗机构。徐老师在中医界英文讲得最好，他可以用英语和病人交流。因此，徐老师为不少驻华外交官看过病，对外交使团颇为了解。从某种意义上讲我们都为外交使团工作过，二人之间的距离一下子拉近了不少。

　　徐老师和夫人品鉴着我的西餐，对我的厨艺大加赞赏，我原以为中医界人士不了解西餐，但徐老师对烹饪技术很在行，他和夫人都爱吃西餐。席间徐老师讲了一个他和西餐的故事，20世纪90年代，他在东直门医院的时候，为一位法国驻华外交官看过病。外交官痊愈后为了感谢他，特意设宴款待，在她的外交公寓家里做了法餐。徐老师讲到，那次西餐晚宴颠覆了他对西餐的认知，念念不忘那顿西餐的美味。后来，他被公派去了美国讲学，2年多的时间里，在美国吃西餐，从未找到那顿在法国外交官家里品尝到的美味。徐老师边吃我的西餐边讲述他的西餐故事，徐老师的夫人小川诗织也特别喜爱西餐。席间，她询问了一些西餐礼仪和烹制方法。徐老师的一句话让我觉得很自豪，他说："自从在法国外交官家里吃了那顿法餐，差不多20年过去了，一直念念不忘却吃不到，没想到今天在您家吃到了20年前的味道。"我也不失时机地和徐老师幽默了一把："那位法国外交官，她不是大使吧？我今天给您和夫人烹制的可是大使家的烛光晚宴，我曾经为三任澳大利亚驻华大使做宴会管家，今天就是复制了当年烛光晚宴的菜品。"

　　那天还有一件事让徐老师小有感慨，他带的一瓶美国Napa Valley（纳帕河谷）出产的葡萄酒，那瓶酒的市场售价为2000元，是真正意义上的美酒，但我看到瓶口的木塞有些老化，酒的出产年份也在10年以上，我对徐老师说，您的酒比我今天准备的酒要好，但这款酒由于保存不当可能不能喝了。他诧异地问："酒怎么还能坏了呢？没有听说过酒有坏的呀？"我说，"好吧，我把您的酒和我的酒同时打开一起喝，您比较一下什么程度的葡萄酒就不能再喝了。"我打开两瓶葡萄酒，不出我所料，徐老师的那瓶酒颜色已经变成了砖红色，酒液也变得混浊，两款酒一比较便一目了然。正常的红酒应该是红中带紫，酒液透明。徐老师仔细比较并品尝了两款酒，感慨地说："幸亏和您一起喝酒，否则这样的葡萄酒我们自己打开就喝了，也不一定能发现问题。看来吃喝的事还挺重要，今天这顿饭吃得值，品尝了美味也学习了品酒。"那顿饭已然变成了美食美酒研讨会。临近结束时，徐老师特别郑重地说："王老师，我请您来我的厚朴中医学堂，给我的学员开办西餐课，您今天在饭桌上讲的这些太重要了，学习中医很重要的一点就是要学会吃喝，药食同源本是中医的养生方法，再有，俗话说'三代学会吃和喝'，吃喝是要专门来学习的，您安排一下时间尽快开课吧。"听到徐老师的盛情邀请，真心高兴能得到认可，但我从来没有想过去中医学堂教授西餐课，自我感觉这是两样不沾边儿的事。自从成立了双利西厨美食课堂后，来我们这学习西餐厨艺、葡萄酒洋酒饮用和西餐礼仪的，大多是即将出国留学、探亲或移民的人。学习中医的人能接受西餐课程吗？我心里一点谱儿都没有。我真诚地感谢徐老师的邀请，并告知他近期安排了许多事情，如果去学堂讲课，最早也要安排在10月。其实我这样说，也是为了让彼此冷静一下。饭桌上说的事有时带了些许冲动，而假如果真成行，我也需要好好考虑一下如何为学中医的学生讲西餐。

陆拾肆·中医课堂上的西餐课

2015年的夏天，我先后去了克罗地亚、波黑和希腊，近2个月的巴尔干半岛之行收获颇丰。带领旅友们一路考察一路烹制美食，拜访了众多美食圣地和酒庄。转眼到了10月，徐老师从朋友圈信息中看到我回京，再一次发出讲课邀请，并拟定好了课时和讲课内容的细节。11月初的一天，我来到了位于南四环外，镇海寺公园旁边的厚朴中医学堂总部，见到了教务主任韩冰先生。韩主任负责具体课时的安排。见面寒暄的第一句话就是，"徐老师，等了您很久了，我们特别希望您尽早开课。"

2016年1月3日，我登上了厚朴中医学堂的讲台。第一节是全体同学上的大课，我讲述了西餐相关的故事，讲述了我曾经作为英式管家在驻华大使馆的美食故事，看得出同学们对我讲的内容很感兴趣，这节课后我的心情也轻松了许多。接下来的

厚朴四期毕业典礼

每个周末按照10人左右一组教授厨艺操作，同学们对西餐课的喜爱超出了我们的预期，我教授了香煎三文鱼、奶油口蘑酿馅虾、奶油口蘑汤、焦糖布丁等外交使团特有的西餐菜品，也特别安排了西餐礼仪和葡萄酒品鉴课程。通过一段时间的学习，不少同学把家里的饭菜质量提高了不少，也获得了家人的认可。与此同时，给学习中医的同学讲授西餐课，让我进一步了解了中医的美妙。教学相长，咖喱课程受到中医理念的熏陶，将简单的食材佐料提升到了药材认知的高度。咖喱的食材组成，每一样香料都是中药材，在厚朴中医学堂担任中药教学的专家，亲自为大家讲解姜黄等一系列咖喱配料的医疗作用。咖喱课俨然成了一节不折不扣的中药课，很好地诠释了药食同源的理念。

在厚朴中医学堂授课一晃 7 年过去了，其间发生了许多关于美食美酒的故事。四期班长郭磊先生告诉我的故事很有意义。他的儿子十一二岁正是开始叛逆的时候，他和儿子的关系一度非常紧张，自从他学习了西餐厨艺，儿子和他的关系变得越来越融洽，他把课堂上学习的每一样菜品都做给儿子品尝，不但征服了儿子的胃口，也获得了儿子的崇拜，真没想到美食还有这么大的作用。还有几位后来移民国外的学生经常发来信息和图片，展示西餐美食课给他们在国外带来的精彩生活。

2019 年，徐老师特别自豪地给我讲述了他在东京的饭局故事。尚品书店是徐老师在台湾的签约出版商，徐老师的很多著作都由这家出版商出版。2019 年尚品书店在东京举办推介会，宴会中提供的葡萄酒都不错。徐老师拿起酒摇杯，闻香，入口品鉴后说："这是一款南澳的酒，酒精度为 14.5 度。"众人听闻有些诧异，难道著名的中医专家徐文兵还是品酒师吗？好事的人招呼服务生把酒瓶拿来，一看，果真是南澳的酒，酒精度 14.5 度丝毫不差。徐老师和我讲这个故事的时候颇为自豪，他为自己把西餐和葡萄酒品鉴课融入厚朴的教学课程之中取得的效果感到满意。曾几何时，徐老师第一次来我家做客带来坏酒而不知，到那次东京宴会上自若品评，短短四五年时间，就成为一名很厉害的业余品酒师。

回想这几年在厚朴中医学堂教学的过程，给我感触最深的是，美食美酒本无中西之分，一切美好的事物都是我们应该学习的。西餐课像一扇窗，为学习中医的同学打开了了解西方的窗口；而教授学生的同时，我们耳濡目染，也在中医中药的环境浸润中，感受到了中医和中国文化的博大精深。